住在别处Ⅱ

THE MOST SUCCESSFUL HOTEL DESIGN

最　成　功　酒　店　设　计

《设计家》编

广西师范大学出版社
·桂林·

图书在版编目（CIP）数据

住在别处Ⅱ：最成功酒店设计 / 《设计家》编.
—桂林：广西师范大学出版社，2012.7
ISBN 978-7-5495-1846-3

Ⅰ.①住… Ⅱ.①设… Ⅲ.①饭店－建筑设计－作品
集－世界－现代 Ⅳ.①TU247.4

中国版本图书馆CIP数据核字(2012)第110414号

出 品 人：刘广汉
责任编辑：刘 丹
支持出版：**简一 大理石瓷砖**

广西师范大学出版社出版发行
（广西桂林市中华路22号 邮政编码：541001
网址：http://www.bbtpress.com）
出版人：何林夏
全国各地新华书店经销
销售热线：021-31260822-882/883
上海锦良印刷厂印刷
（上海市松江区伴亭东路218号 邮政编码：201615）
开本：290mm×418mm 8开
印张：51 字数：230千字
2012年7月第1版 2012年7月第1次印刷
定价：738.00元

前 言

随着中国加入WTO，中国的国际地位越来越不容忽视，而中国亦成为全球经济、贸易发展的重中之重，吸引了越来越多全球投资者的目光。与此同时，在短短几年间，中国的酒店业迅猛发展，越来越多的国际酒店管理集团进驻中国，不只在一线城市，甚至在二、三线城市迅速布点，以求占有更多的市场。不难预计，在未来几年里，高星级酒店、艺术精品酒店和度假酒店将成为中国酒店市场发展的主流。

酒店是住客“临时的家”。有些人因为度假入住酒店，有些人因为旅行入住酒店，而有些人则是因为商业往来入住酒店，从某种意义上说，酒店就是一个传播的“驿站”，一个好的设计能让它充满激情与活力。酒店除了为住客提供舒适的睡眠空间外，更应该是一个提供精致设计、时尚品位与新奇兴奋的场所。酒店内富有个性的设计、精致的摆设，都会让这些从世界各地前来入住的人们流连忘返，而他们也会在停留了一段时间后带着印象离开。

此次出版的《住在别处Ⅱ——最成功酒店设计》一书，是《设计家》出版机构继成功出版《住在别处——最新星级与艺术酒店设计》艺术之后，倾力推出的最新酒店设计作品集，本书收录了涵盖欧洲、亚洲的设计大师们的著名星级酒店及近年来颇受追捧的精品艺术酒店、度假作品近40个。本书以丰富精美的实景图片，别具一格的创意，科学合理的规划设计，向读者介绍了成功酒店空间的设计之道，是目前国内从事酒店空间设计以及经营者实用的参考书。

《设计家》编辑部

2012年6月

CONTENTS

目录

Dubai Zabeel Sarayhotel

迪拜Zabeel Saray酒店

室内设计：意大利Marco Piva Studio建筑设计事务所　　**设计师：**Armando Bruno

卓美亚Zabeel Saray酒店坐落于迪拜卓美亚棕榈岛的西翼。迪拜卓美亚棕榈岛是迪拜最富盛名的人工岛屿，整个岛屿呈棕榈叶的形状，站在岛上可以纵览阿拉伯湾的美丽景致。卓美亚Zabeel Saray酒店位于迪拜码头和卓美亚Madinat酒店之间，距离迪拜国际机场仅有35分钟的车程。

历史：来自Kursa Ayabak Architectural的建筑师耗费三年的时间，将卓美亚Zabeel Saray酒店从最初的设计蓝图上搬进了现实，该酒店于2011年1月正式揭幕。设计的初衷旨在建造一处无可比拟的度假胜地，再现土耳其帝国时期的宏伟与辉煌。

结构与设计：占地面积115，931平方米的卓美亚Zabeel Saray酒店由405间布置优雅、设置完备的客房组成，其中包括42个独立套房，以及坐落于海滩上的38间环绕着礁湖泳池的豪华别墅。

手绘壁画、土耳其艺术品和各种豪华壁饰描绘了土耳其帝国时代雄伟华丽的景象。恢宏的建筑设计，与奥斯曼和阿拉伯风格主题的巧妙交织，则进一步展现了尊贵的皇家式酒店风貌。

大堂：酒店大堂的灵感来源于奥斯曼皇宫。众所周知，奥斯曼皇宫以其极尽奢华的大门入口设计深深震撼着纷至沓来的宾客。Zabeel Saray酒店大堂主入口处的大型枝形吊灯由一串串的新月组成，其他的枝形吊灯分别采用红色和青绿色的水晶，这两种颜色的组合在奥斯曼皇宫内也被广泛利用。酒店大堂内的沙发均为英国设计，采用土耳其天鹅绒面，大部分为鲜艳的红色。Sultan酒廊的地板由镶木地板制成。酒店窗帘及门帘上有着风格独特的奥斯曼刺绣。大堂入口处独特的喷泉造型为伊斯兰之星——蓝色的“瞭望之眼”（有时也指“邪恶之眼”），它是奥斯曼守护的象征。TUGHRA是奥斯曼政权的象征，同时也是苏丹王用于签署政府文件的皇家签名，亦可在酒店建筑正面找到。

Al Nafoorah黎巴嫩餐厅：这是一个传统的黎巴嫩餐厅，可容纳110位客人，厨房为开放式的。餐厅的装潢是基于传统的马拉喀什设计，装饰有许多金属元素和色泽鲜艳的图案，地板及高达2.5米的墙壁表面都运用了手工制作的大理石，天花板和立柱由一种当下十分流行的、叫聚氨酯的材料制成，这种材料是通过泡沫海盐提炼制作而成的。

Lalezar餐厅：这是一家传统的土耳其餐厅，能容纳62名宾客。设计理念来自伊斯坦布尔的Topkapi皇宫——奥斯曼国王最大的宫殿。餐厅的手绘墙壁绘有水果和鲜花，一共有十个土耳其艺术家进行了墙壁的手绘工程，历时7个月才完工。墙壁上运用了特殊的陶瓷制品CINI。CINI的设计非常特殊，是由一棵高4米直径1米的橄榄树和40—50片瓷砖构成。这面CINI墙价值约20,000美元，被认为和金子一样价值连城。餐厅的角落放置了一个特制的炭窑作为一件装饰艺术品。餐厅内的帘幔饰以阿拉伯刺绣，与墙壁绘画相得益彰。枝形吊灯是手工上色的玻璃制作而成，此类设计特色也可在Topkapi皇宫内看到。餐厅也融入了水的元素，这一元素也同样常用于奥斯曼皇宫设计中，水声往往可以吸收周围噪音。

Amala餐厅：这是一家印度餐厅，最多可容纳90—95位宾客，餐厅的装潢源自阿拉伯风格的设计。蓝色的墙壁、从土耳其进口的手工沙比利（Sapelli）木材均彰显着阿拉伯风情。天花板由手绘完成，地板则是由粉红色和棕色的大理石组成。窗帘与座椅的织物色彩交相辉映。

Vodabar
Vodabar

Voda **酒吧：**酒吧设计是当代风格和有着强烈对比的时尚设计的完美结合，并配以米开朗基罗风格的屋顶绘画。整个酒吧最多可容纳85名宾客。酒吧内的大理石均为来自土耳其Afyon的稀有品种。屋顶绘画由一位土耳其艺术家设计，并由来自土耳其伊斯坦布尔熹南建筑艺术大学（Mimar Sinan Fine Arts University）的学生们绘制而成。

Voi餐厅：Voi是一个法式越南餐厅，其内部装饰展现着浓郁的19世纪法国殖民时期的越南风情，黑白的配色和镜子随处可见。Voi最多可容纳80–85人。挑高的天花板装饰以巨大的玻璃和水晶吊灯，家具都涂以高贵的黑色亮漆，置于山毛榉木和黑斑木的镶木地板上，帘幔镶有银色刺绣和水晶。

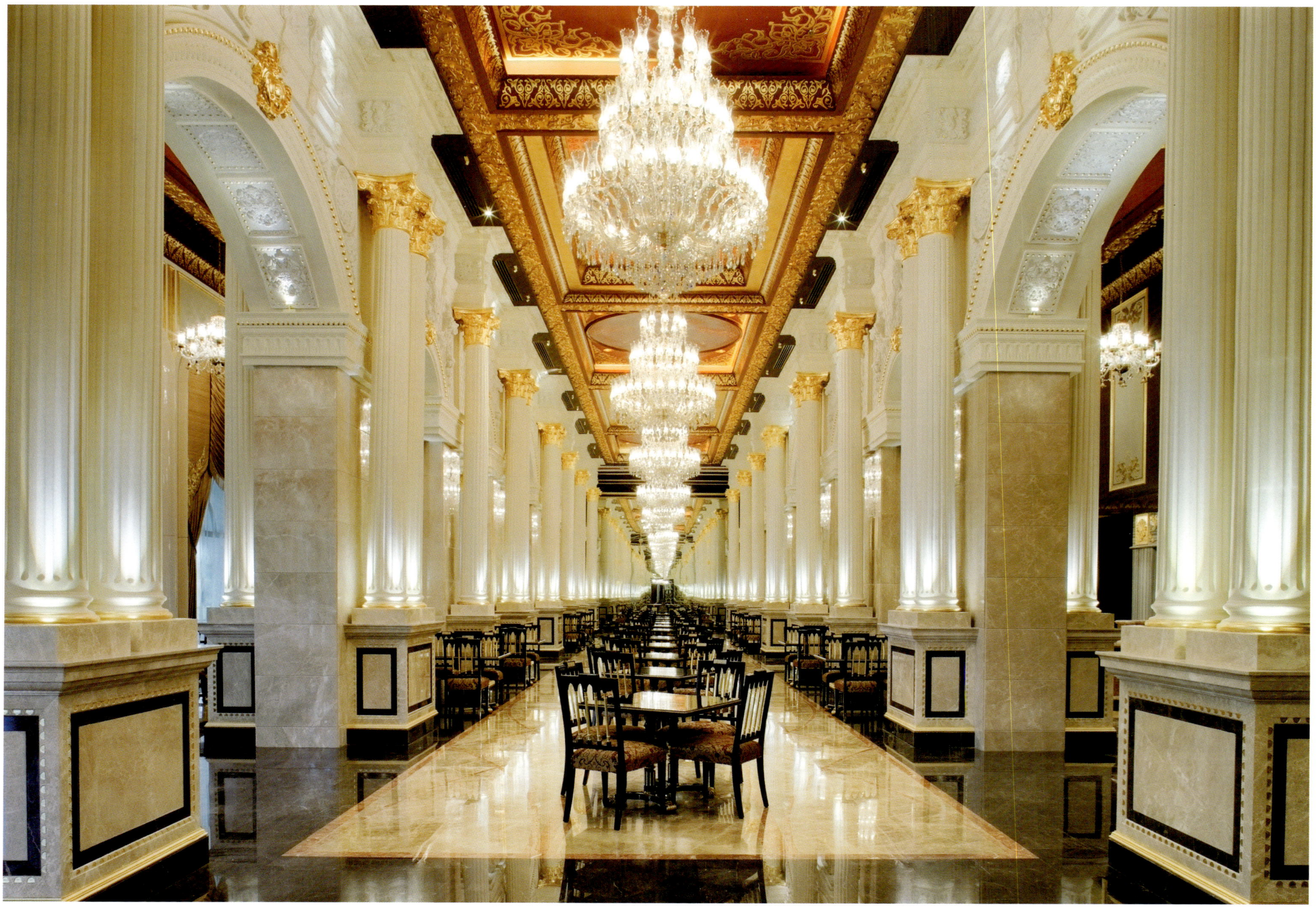

Imperium餐厅：餐厅内部设计借鉴于Dolma Bahja宫殿入口处的设计，走道两旁矗立着高耸的立柱，走道两端则放有巨大的镜面以营造出广阔的视觉幻象。餐厅桌椅都由黑木制作而成，布艺制品来自奥斯曼纱丽的设计，天花板为手绘设计，地板则是黑色、褐色和粉色的大理石铺制而成。丝质帘幔缀以土耳其刺绣。

C Club酒廊：酒店的雪茄吧可以容纳总共75–80位宾客，此酒廊设计基于欧洲高级运动俱乐部的概念，包括墙上的几何图案也都有所体现；而酒廊主题则是关于巧克力、雪茄和科涅克白兰地。酒廊内部使用了多种不同种类的木材。拼花地板由安尼格（Anegre）和沙比利木材特制而成，而墙壁的木质表，表面则由麦哥丽木（Macore）、沙比利木和胡桃木制成。酒廊内部的枝形吊灯为璀璨的水晶吊灯。窗帘等幕帘上绣以花形图案，与墙壁上的图案相得益彰，这又是另一个借鉴奥斯曼皇宫设计的体现。

Sultan's Lounge苏丹餐厅：位于一楼夹层的酒廊式餐厅，共可容纳80人。餐厅内有一巨幅绘画，画有“后宫女眷”，也就是苏丹王和他的妻子、女儿以及家中受保护的女性（女性嫡亲及仆人）的私人起居室。餐厅内部设有一些独立的阿拉伯式待客区，一个图书馆，许多舒适的沙发和桌子。

泰丽丝奥斯曼水疗中心：水疗中心有着两个独立的入口，分别供住店客人和外部客人使用，每个入口都有一扇固若金汤的木质绿松石大门，重0.5–1吨。两年前，处于建造中的此水疗中心被认为是中东地区最大的水疗中心，占地大约6,700平方米，两层楼，包括3个独立区域分别为女士区域、男士区域和VIP区域，另有34间护理室，3间土耳其浴室，两个室内海水游泳池和4间亚洲风格的露天小屋。

酒店客房：酒店客房面积从45平方米至96平方米不等。酒店客房的设计融合了欧式和阿拉伯风格，并伴有奥斯曼土耳其的浓郁风情。浴室内更是配备了大理石浴缸，仰头而望，你会看到手绘穹顶。床头板采用特殊的纤维装饰，可防油防尘。床罩用土耳其传统的纤维制成，该织物被称为KEMHA。

Mehteran剧院和演艺中心：在Mehteran剧院和演艺中心接待区的墙上有一张巨幅绘画，名为“奥斯曼军乐队”（MEHTERAN），画上描绘了政府代表、士兵、社会名流聚集于苏丹大帝的皇宫，热烈欢迎从清真寺周五朝拜回来的苏丹王的场景。剧院的设计灵感来自于法国的“红磨坊”，金色图案装饰墙面。根据不同的需求，剧院分别可以容纳380位宾客（歌舞剧式坐席）和800位宾客（一字排列式坐席），另有可以容纳80位宾客的贵宾楼座。舞台拥有非常特别的技术设备和宽敞的后台。Mehteran剧院和演艺中心的样式是迪拜所有酒店中仅有的。

Paris Shangri-La Le Hotel

巴黎香格里拉大酒店

巴黎香格里拉大酒店坐落于拿破仑的侄孙罗兰•波拿巴的王子官邸旧址上，该私人府邸建于1896年，位居优雅宁静的巴黎第16区，比邻特洛卡代罗广场，距离香榭丽舍大街也只有举步之遥。

建筑：从巴黎香格里拉大酒店的许多客房和套房都可以饱览艾菲尔铁塔和塞纳河无与伦比的壮美景致。这座富有历史蕴涵、充满传奇色彩的古老建筑散发着独特的气质，聚集了私家府邸的持重、奢华、安逸和舒适。

客房：54间宽敞的客房为客人提供“住在巴黎”的超凡感受。法国室内设计大师Pierre-Yves Rochon为客房赋予的经典法兰西装饰风格令住客倍感温馨、和谐与舒适。从大部分客房中都能看到包括塞纳河在内的巴黎绝妙景致，特别适合打算静享闲暇假期的游客。

套房：27间宽敞豪华的套房带给客人法兰西特有的温馨与典雅之感，即使足不出户也能够全方位欣赏巴黎的城市景观。

餐厅：巴黎香格里拉大酒店提供花色丰富、质量上乘的美味佳肴，即使是最挑剔的美食家也会口服心服。客人可以在酒吧品味时尚的鸡尾酒，在带靓丽玻璃穹顶的La Bauhinia 餐厅悠闲地用餐，或在精美的法式餐厅L'Abeille享受盛宴。

酒廊及酒吧：Le Bar酒吧有帝王式的装饰风格，是客人享用鸡尾酒或各色葡萄酒的绝佳去处。这里从下午至深夜营业，为商务会面或休闲聚会专门开辟了舒适的私享空间。

The Mira Hong Kong Hotel

香港美丽华酒店

室内设计：CAD International　　**设计师：**Charles Allem's

“Mira”在西班牙文的意思为“高瞻远望”，而在拉丁文则解释为“完美、和平和繁荣”。

The Mira Hong Kong座落于香港心脏地带——尖沙咀弥敦道，四周林立商业大楼、购物商场，以及餐饮和娱乐热点。酒店交通便捷，邻近港铁站、东铁站及天星码头，与香港各区近在咫尺；酒店亦毗邻多间品牌专门店、大型购物商场、特卖店，以及高级餐厅。

在构思436间客房及56间套房的色调主题时，酒店邀请了品位大师Colin Cowie 参与设计，革新地采用了4种主要色系，包括绿、红、银及紫色；而在设计8间位于5楼的独特套房时，则邀请了来自迈阿密的著名室内设计师Charles Allem主理，加入不少摩登时尚元素，足见酒店拥有者非凡的远见及创造性。

Sales Result
25%
45%
30%
Group A
Group B
Group C
Sales Result
25%
45%
30%
Group A
Group B
Group C

Telecommunications
Conference
Sales Result
25%
45%
30%
Group A
Group B
Group C
VOSS

W Hotel Taipei
台北W酒店

室内设计：G.A.国际设计　　**设计师：**Terry McGinnity

台北W饭店是由来自英国的精英团队——G.A.国际设计(G.A.Design International)负责室内设计，总监Terry McGinnity结合自然元素和现代化科技，成就台北W饭店：大放电(Nature Electrified)的概念。

台北有和谐大自然和现代化科技的对比和融合：现代高楼和传统庙宇，超高科技和细腻的手工艺品，这个城市同时拥有世界高楼、温泉、沙滩、港口和茶园，充满着无限创意、活力、想法和能量，这些都是Terry的设计灵感。

饭店一楼进口处有一个巨大的链锁，这个设计大胆前卫。链锁在实用面上其实是排水管，Terry幽默地表示：这个链锁不仅可以排水，更紧紧将这栋建筑物和台北"链"在一起，如果没有这个链锁，台北W饭店有可能会因为店内丰富的能量和欢笑而飞了起来！

台北W饭店8楼到11楼的楼层之间有以金属和木头组合而成的吊桥阶梯，12楼是SWEAT健身中心和AWAY SPA，从13楼到30楼是客房，房客们有专属电梯可直达；最引话题的是10楼，这里是台北W饭店的秘密武器。

WET碧波泳池的一面环保绿色植栽墙面挡住了部分建筑物，给人宽广的视野，可远眺天际和阳明山群，另外三面紧邻的是室外池畔酒吧、室内火红色调的WOOBAR和鲜黄色品牌餐厅The Kitchen Table；泳池边还有细沙滩。

基本房型包括红色调的Wonderful Room奇妙客房（43平方米），和绿色调的Fabulous Room绝佳客房（46平方米），是台北最大最新的基本房型；一进客房，光漆净白的墙面更放大视觉效果。地板由三种材质组成，从大理石、地毯到木头，层次分明。奇妙客房内的木头地板区有休憩沙发躺椅和木头枝干形状的立灯，创造出室内阳台的效果。绝佳客房内的墙面灯箱，其设计灵感来自台湾的天灯。

台北W饭店顶楼的“紫艳“是W全球第一家品牌中餐厅，主要提供富创意的新广东料理。沉静的紫色系混搭金属吊灯与中式灯笼，墙面上挂着以模具或厨具点缀的艺术品，给人既优雅又前卫的感受。餐厅内有设计感十足的酒吧，挑高六米落地窗直望高楼台北101，紧邻着酒吧的是主厨秀桌Chef′s Table、散客小食区和五个私人包厢，占地超过400平方米、座位约300个。

楼高31层的台北W饭店，是台北唯一一家能看到信义区繁华全景的饭店。它已成为一处带给宾客终极体验的城市度假场所，每一个角落流泻出的自然韵味和科技时尚相融合，彰显出完美的摩登气质。由Terry带领G.A.国际设计有限公司倾力打造的台北W饭店，每一处空间、每一个细节都是无与伦比，让人感动的美景。

W
HOTELS
THE STORE

AWAY

AWAY

Hotel Indigo Shanghai on The Bund
上海外滩英迪格酒店

室内设计：HBA/Hirsch Bedner Associates

上海外滩英迪格酒店于2010年12月正式开业。酒店毗邻黄浦江畔，坐拥浦江两岸传统与现代并蓄的秀丽风光。酒店在设计中完美融合了黄浦江、十六铺码头、外滩、浦东建筑群这四大现代与传统共存的本地元素。

黄浦江：酒店大堂中的流线设计与多变的图案，与潺潺流淌的黄浦江水遥相呼应。精雕细琢的墙壁营造出的翻滚效果，宛如江浪，直奔前台。

十六铺码头：各种有关码头的记忆结合本地元素得到体现：锈迹斑斑的椭圆大型陈设犹如船只烟囱，在LED灯饰的点缀下，成为酒店接待区的标志；从旧时十六铺遗留下的黄包车与老式自行车被喷漆上明亮的色彩，摇身变作酒店大堂的"实物艺术品"。

外滩：酒店客房中写满了外滩的历史：每个房间中摆放着形态各异的装饰品与本土制造的家具；宽敞的门板出自上海特色木工手艺；精心修琢的灰泥墙上镶嵌着标志性的石库门灰砖，与鲜艳生动的地毯相映成趣；客房壁纸选用豫园的真实景致，邻里风情通过大幅的实景照片尽展眼前。此外客房中还陈列了一系列中式灯具、陶瓷器皿与古董饰品；睡床以传统中式婚床为设计灵感，融入现代的演绎方式，在床头加入的帐幔元素，成为客房的点睛之笔。

浦东建筑群：客房的浴室简洁现代，可将浦江两岸美景一览无余。抛光钢的窗框中镶嵌上大片落地玻璃，在淋浴时也能俯瞰黄浦江景色。

为了进一步体现上海的摩登特色，HBA团队携手本地艺术家，专为酒店设计了雕塑、壁画以及摄影等陈列作品。同时酒店与本地艺术家之间的合作也将长期持续下去，令这些为酒店量身定做的艺术精品得以定期更换，保持酒店环境的新鲜与活力。

Wallpaper*
BUILDING SHANGHAI

MARTINI

水墨中國

SHANGHAI

China World Summit Wing Beijing

北京国贸大酒店

住设计师： Adam D.Tihany

北京国贸大酒店坐落在中国国际贸易中心内国贸大厦上层部分，国贸大厦以其330米的高度成为北京全新地标性建筑。

在79层和80层的设计中，设计师巧妙地结合了传统华夏文明象征，将中国传统文化互为补充、协调作用的阴阳理论运用其中。同时，设计中也蕴含了天与地、和谐与平衡的中国传统文化观点。

80层是“阴阳”理论中“阴”的代表，其设计上体现出冷静、轻盈，女性般细腻与身置天堂般的感觉。在天花板的设计中，Tihany先生更特别着力地体现了天花板所营造的天空感觉。在酒廊部分的设计中，他将特别定制的玻璃球灯从天花板悬挂至半空，仿佛天空中的繁星闪烁。在云•酷酒吧部分，天然纹路的大理石地面与天花板上悬挂的透明灯光板形成强烈对比，透明灯光板设计精巧，反映了夜空中的点点星光。

在云•酷酒吧的入口处，闪亮通透的酒窖展现了酒吧别具一格的优雅格调。环绕整个酒吧区域的高大落地窗收纳了无与伦比的景致，错落有致的紫色沙发和座椅结合华丽的橄榄灰绿色墙面，营造了惬意的座位环境。在地面布置了灯光的舞台区域有现场乐队助兴，同时也将客人引领至私密的雪茄吧。

79层的设计体现了“阳”特性，颜色温暖，古朴，散发着稳健的阳刚气概。贯通最高处四个楼层的透明玻璃电梯顶部使用一串串的玻璃珠装饰。充满时尚感的楼梯盘绕在玻璃电

梯的一侧，连接着79层和80层。

引领宾客进入国贸79层的是精巧的红酒吧。红酒吧的顶部使用意大利Murano玻璃珠装饰，整体看似中国传统灯笼这一喜庆形式，欢迎着各方宾客。国贸79餐厅入口及“看台”式座位的围栏处，使用红色水晶玻璃块装饰。

国贸79餐厅的墙面装饰采用温暖的蔷薇木，并使用棕色和红色的天鹅绒座椅营造出奢华的用餐感觉。手工编织的圆形图案地毯与特别设计定制的片状水晶等上下呼应。精心打磨的木梁与朝向西面的巨大落地窗连接，透过落地窗客人可欣赏天安门广场和故宫的壮丽风貌。

三间主席阁私属用餐区均包括休息区，私人用餐区和专用盥洗室。每间主席阁私属用餐区采用不同的装饰色和不同形式的水晶吊灯，倾力为宾客营造优雅舒适的用餐环境。

Shangri-la Hotel Manzhouli

满洲里香格里拉大酒店

客房设计：Eva Wan工作室设计

满洲里香格里拉大酒店的设计融合了香格里拉酒店集团的理念与当地的特色：大堂顶端垂直悬挂的璀璨夺目的五盏大吊灯与具有蒙古包特色的层叠式圆顶相得益彰；洋溢着浓厚紫色色调的酒店大堂在灯光的映射中更显奢华；而绣有蒙古式花纹的地毯、富含中国传统韵味的床搭和俄罗斯风格的立灯等装饰的巧妙融合，则呈现了中、俄蒙三国不同的风情。

客房设计融合了时尚与中蒙家居装饰风格。客人在客房可俯瞰小北湖的秀色，或瞭望连绵的山峦与无际的草原，或是欣赏俄式风格市景。酒店还特别将第15至17层设为豪华阁楼层，并将第18层设为1,000平方米的豪华阁酒廊，让入住豪华阁楼层的客人可享受专有贵宾礼遇。

餐饮方面，满洲里香格里拉大酒店还设有3间风格各异的餐厅和一间大堂酒廊。香宫中餐厅到处洋溢着中俄蒙三国文化气息：大厅中的壁灯以内蒙草原独有动物狍子的头部为原型，包房内具有中国古代传统彩绘风格的屋顶横梁以及蒙古包圆形顶篷和俄罗斯水晶吊灯，美轮美奂，令人目不暇接。香宫中餐厅供应正宗粤式和东北菜肴。

咖啡99是满洲里唯一一家拥有开放式厨房的全日制餐厅。餐厅装修时尚，其明亮的灯光与惬意的氛围为客人营造了轻松舒适的用餐环境。

Salt&Bread俄罗斯餐厅可直译为“盐与面包”，此名称源于古代俄罗斯，那时当国王与皇后巡游村庄时，村民们会奉上撒有盐粒的面包以表示欢迎与尊重。该餐厅共设有258个雅座，在此，宾客不仅可畅享风味纯正的俄式美食，还可欣赏热情洋溢的正

宗俄罗斯精彩表演。

位于酒店一楼的大堂酒廊设有80多个座位，是城中品尝下午茶和与亲友小聚的最佳场合。

酒店第三层为1,286平方米的健身中心，其设施先进齐全，当属满城之最。健身中心拥有长25米的室内常温泳池，客人在泳池中畅游的同时还可透过两面的落地玻璃窗欣赏蓝天、白云与群山交相辉映的自然景致。

酒店拥有满城设施最先进、最大的会议场地：总面积达4,000平米，其中包括一间1,500平米，层高7.5米，可分隔为3间独立多功能厅的无柱式大宴会厅。这个大宴会厅的剧院式摆台可容纳1,500名宾客，宴会式摆台可容纳1,200名宾客，配备先进的影音设施，设有9,000流明度的内置投影仪与美国EV音响系统，并设有直达停车场的升降电梯，是举办大型会议或庆典的理想场地。此外，大宴会厅旁特设了新娘房，方便新人在婚礼当天接待亲戚朋友或更换礼服。

Hyatt Regency Guiyang transit

贵阳中天凯悦酒店

建筑景观设计：KKS（日本观光企画设计社）

贵阳地处中国西南部，是贵州省的商业及经济文化中心，也是贵州省的省会城市。贵阳中天凯悦酒店位于金阳新区的中心地带，是中天国际会展中心的重要组成部分。酒店紧靠贵阳市委市政府，与贵阳的市级行政中心及金阳商业中心为邻，观山公园亦咫尺之遥，不仅可以让您呼吸到大自然的新鲜空气，更让您领略到大自然茂盛的植物给您带来的视觉享受。

贵阳中天凯悦酒店提供366间豪华舒适的客房及套房，酒店客房面积为42平方米。酒店并设有精美地道的餐饮及娱乐设施，包括大堂吧、全天候的咖啡厅、中餐厅、西式扒房和火锅特色餐厅。贵阳中天凯悦酒店拥有配套齐全的2,149平方米的会议室及多功能厅，包括面积为900平方米的宴会厅和6个府邸式的多功能厅。酒店亦提供完善的休闲设施，有健身房及室内恒温游泳池，还有水疗中心，其中配有8间一应俱全的水疗套房。

Hyatt Regency Hotel In Mainz

德国美因茨凯悦酒店

设计单位：FG Stijl

这座位于德国美因茨的凯悦酒店富有独特的创意，酒店把美因茨历史悠久的19世纪城堡——Fort Malakoff融合到极具戏剧效果的21世纪建筑中。酒店处于莱茵河河畔。历史悠久的Fort Malakoff已经成为酒店大堂内极具标识性的组成部分，踏入这座酒店，踏进酒店大堂时，最早欢迎客人们的便是这座富有历史感的城堡，它也是整座城市辨识度最高的景点之一。1873年，城堡最初用作防御工事，是中世纪城墙的延伸。对于Fort Malakoff这座老城堡的改造始于2008年6月底，到了11月底，很多要塞的关键设施已经重新开放，融入了更加新鲜的创意理念。

Westin Grand Vancouver Hotel Nanjing

南京威斯汀大酒店

室内设计：美国BLD室内设计公司　　**设计师：**Goettsch

酒店的设计以干净、清新的风格和简约的线条为主线，运用大地的自然色彩完美体现了威斯汀诉求“健康、舒适”的视觉效果。酒店以柔和的暖色调灯光，营造温馨的氛围，并充分利用天然采光和新风系统，将降低能源消耗巧妙地融入设计中。酒店外是独一无二的玄武湖美景，遥望湖面尽头，葱灵俊秀的紫金山屹然矗立，令人神清气爽，心旷神怡。

酒店整体建筑呈梯形，为了避免临窗的拐角部位可窥视到相邻的房间，设计公司在此区域特别设置了独立的迷你吧，有效地阻挡了视线，保证了客房的私密性，在不影响整体风格和布局的情况下，解决了这一难题。

酒店大堂位于23层，选用浅色的大理石瓷砖为装饰，在灯光的折射下，整个大堂显得温暖柔和。前台的接待处则采用了深色的大理石材质，与浅色的瓷砖相互映衬，凸显出大堂的通透明亮。加上威斯汀怡人的白茶香感官式迎宾，使宾客感到安宁、放松。

酒店的大堂吧采用温馨的泥土色调，搭配幽暗的光线，尽显浪漫与雅致；窗外亦可看见美丽的玄武湖，是休闲小憩的理想之地。

酒店的知味西餐厅同样位于23层，

整面的落地玻璃幕墙将湖光山色尽收眼底。西餐厅内的镜面立柱被错落有致的LED变色灯柱所包裹，如繁星坠入人间，美轮美奂。餐厅的贵宾包间墙面采用橡木色涂层，给人以厚重之感；镂空的方格里陈列着精美的装饰品，为私密的用餐区域增添了几分艺术与浪漫的气息。

位于9层的中国元素中餐厅，其墙面匠心独运地镶嵌着金色的树枝状图案，而走道的幕墙则用钢化面板有机地排列，营造出城墙的感觉，在灯光的照射下尽显雍容与奢华，配上专门定制的中国水墨画手工地毯，将典雅诠释得淋漓尽致。餐厅的八个贵宾包间以玄武湖在不同时期的名称命名：北湖、昆仑、秣陵等，充满了历史的韵味。窗外是魅人的玄武湖与紫金山，窗内是典雅的藤枝与城墙；"山、水、城、林"四种古典元素与"色、香、味、意、形"五种中国元素交织在一起，打造出一个别具特色的文韵餐厅。

威斯汀健身中心位于酒店9层。宾客可在25米长、12.5米宽的室内恒温泳池畅享碧波之乐。美妙的音乐、潺潺的流水、舒适的沙滩椅搭配得相得益彰。在这里，同样可以看到美丽的湖光山色，让宾客感受到与自然融为一体。

Life Fitness
FlexDeck Shock Absorption System
Life Fitness 95T

Wuhan Wanda Hotel

武汉万达威斯汀酒店

室内设计：香港郑中设计（CCD） **设计师：**郑中

武汉万达威斯汀酒店坐落于长江之滨，拥有宽阔的视野，并能俯瞰迷人的长江美景。酒店地处武汉万达中心，与高档购物区近在咫尺，并可以非常方便地前往机场及火车站，是商务和休闲客人愉悦新旅程的首选。

酒店拥有305间时尚典雅的客房与套房，可让客人放松身心，达到最佳状态。房内配备威斯汀天梦之床（Westin Heavenly Bed），带来一夜酣眠；此外高速互联网、宽敞的办公区、符合人体工程学的座椅、纯平液晶电视以及天梦之浴（Heavenly Bath），提供旅行所需的一切，让客人感到焕然一新，轻松享受休闲时光。

武汉万达威斯汀酒店拥有五个餐饮场所和总面积超过2,800平方米的大宴会厅及八间多功能厅，并配有宴会厅前廊。

知味全天候餐厅采用明快的色调，并有清新而又极具鉴赏性的装饰品点缀其中，尽显生机与活力。餐厅供应自助餐与零点菜单美食，其开放式厨房更是令人耳目一新。中国元素中餐厅主推纯正地道的粤菜及本地特色菜系，另有带有私人露台的独立包厢为宾客提供更加私密的用餐环境。

The Dylan Amsterdam

荷兰阿姆斯特丹Dylan酒店

室内设计： FG Stijl　　**设计师：** Dylan Tomas

在2006年为Dylan酒店的公共空间重新设计了一个新酒吧与萨里乌斯派沙龙后，FG Stijl于2010年再次应邀为这座老建筑内的酒店重新设计10间客房。新客房于2011年对外开放，新设计为客房创造了更多的空间与奢华感。

设计将床头板的高度由地面拉长直至屋顶，其中间部分覆盖了金属质感的面层，底部为绿色皮革，上部则为亮闪的深灰色布艺。这片布艺由一个玉环拼接为一体。床头板的这部分由珍珠母镶边构成。床头板的两边则是铜色的古董镜，为房间内投射进温暖的光线，并加强了空间感。床头板的设计灵感让Dylan酒店将这些新奢华客房的名字由原来的"蝴蝶"更改为"Loxura"。

客房内另一个引人注目的设计是酒柜，其设计可谓是为Dylan酒店独家打造的。酒柜使用了棕色木，并在其内侧镶有银色树叶面层。酒柜的手柄则采用了珍珠母与铬合金。客房内家具的材料选择均遵循了自然、丰富的原则。

客房1与客房2可从内庭院进入。客房11与客房26可灵活组合为一间复式客房。套房10则被称作Dylan Tomas套房，该套房内拥有一个宽敞的客厅，且在床的两边各放了一个古董衣柜。房间尽头处的窗前放置了一张银叶面层的桌子。

AMSTERDAM

Xi'an Ruisili Hotel

西安瑞斯丽酒店

室内设计：HBA/Hirsch Bedner Associates

西安瑞斯丽酒店的概念是独一无二的。这是中国中部第一家现代概念酒店。酒店非常干净洗练，细节处带有明显的瑞士特色，比如黄色木纹、白色以及灰色石材、当代艺术品与家具。这里呈现的是其他任何中国酒店里都很少呈现的各种装饰与摆设。这里没有大吊灯，没有金光闪闪的大柱子。这里的每个角落都与瑞士的艺术和文化相关。这些瑞士元素不仅仅明摆在桌面上，而且融入了设计以及艺术中；而且这两者交相辉映，获得了惊人的效果。

大堂的设计是把不同的功能区融合在一起，让客人很容易识别。在第一空间——前台，其他酒店常见的长长的前台不见了，取而代之的是几个单独的接待台，为客人提供更个性化的服务。大堂的大楼梯安排在一边，笼罩在一个玻璃箱子里，充满建筑装置意味。在第二空间——休憩区，座椅的布置是很特别的，客人面对面坐在四边围起来的沙发里，方便沟通。第三空间——酒吧区，其基调是一个让客人开会前在此喝咖啡的舒适场所，在这个开阔的空间上方布置着一个三个层次组成的雕塑艺术装置。第三空间的右边是非常鲜亮、很容易找到的瑞士吧，一个全日制餐厅，每天提供三种自助餐。连接这三个空间的天花板也是超出常人想象的，镶嵌着各种不同宽度的、很长的木条，中间还点缀着打出红光的不锈钢条，这一切充满韵律，同样富有瑞士风情。

SWISTYLE
BAR
瑞士吧
30
30

Big China Noodle King

juicebar

Hyatt Regency Dusseldorf

德国杜塞尔多夫凯悦酒店

室内设计：FG Stijl　　**设计师：**Dylan Tomas

杜塞尔多夫凯悦酒店定位为人们来到Media-Hafen 港首屈一指的目的地。

酒店入口处，巨大的雨篷由上方悬挑出的客房自然形成。紧邻入口的是一个26米宽的标志性楼梯，其中央部分可被提升从而形成一个雨篷，作为进入可举办多个活动的场地的华丽入口。由楼梯可达到两个悬挑出的建筑间的大平台，这里亦是游泳池，而泳池的露天玻璃底部则是楼下宴会厅的天花板。

完全由玻璃面层装饰的酒店一层吸引客人来体验其提供的不同服务。客人们可由主入口进入酒店，亦可沿着步行道从侧门直接进入Dox酒吧、Dox餐厅或是D咖啡厅。一层的公共空间景观均向海港敞开。而室内空间的基调则是在这座现代建筑内强调华丽景观的同时，营造出温暖与私密感。

DESIGN
HOTELS
YEAR
BOOK
08

Grand
Place
Suite

Radisson Hotel Liuzhou
柳州丽笙酒店

室内设计： G.I.L.国际室内设计及艺术顾问公司　　**设计师：** 徐少娴

柳州丽笙酒店坐落在风景绮丽的柳江东岸中心商务区，与市政广场隔街相望，无论在地理还是设施配套上，均占尽优势。

整个酒店以时尚的现代元素与独具特色的民族风情文化为主导，以别具特色的地域织锦、银饰位背景，开启了酒店探秘之旅。

连接着首层的Zest Bar（泽斯特吧）与二层的Globe Restaurant（环球餐厅）和Ju Long Xuan（聚龙轩餐厅）的大堂楼梯成了时空走廊，辉映着错落有致的方格吊灯与大堂水景。

泽斯特吧（Zest Bar）新颖的设计，特显温馨舒适。

Bake西点屋（贝克）自成一体，线条设计流畅而自然。

Globe Restaurant（环球餐厅）格调时尚自然，开放式的厨房设计让人感觉轻松，餐厅以石材、玻璃、不锈钢及木材为主要装饰材料，创造出置身大自然的感觉。餐厅中几个半开放的包房及置于餐厅正中的屏风，同样以简练的造型作为设计灵感。

Ju LongX uan（聚龙轩餐厅）的天花板设计同样巧妙独特，以半透明的大型发光灯箱以及不锈钢蔓条、水晶束为装饰，将室内的空间感大大提升，丰富了视觉和空间效果，餐厅入口吊灯更以

中式蝴蝶图案作为装饰，隐隐地透出优雅的诗意。

拥有630平米的多功能宴会厅给宾客绘制了一幅精美的、极具地域风情的画面，尽显柔美、华丽。

游泳池天花板犹如星光飘带，连接天际，营造出一种璀璨而又静谧的空间氛围。天花板上点点星光与蓝色马赛克池底交相辉映，让人情不自禁想要跃身池中，享受水的温柔。

Shanghai Les Suites Orient
上海东方商旅

室内设计：台湾吴宗岳设计有限公司　　**设计师：**吴宗岳

作为外滩万国建筑群中唯一的一家精品酒店，上海东方商旅精品酒店位于南北外滩交界的中心点，对望浦东陆家嘴，后连豫园及十六铺码头观光区。楼高23层，外观为20世纪30年代装饰性艺术（Art Deco）设计，不仅与邻近的万国百年保留建筑物息息相关，且曾亲自参与并见证了中国航运发展与港口建设的历史。上海东方商旅精品酒店前身是19世纪60年代由美国人罗赛尔设立的旗昌洋行，罗赛尔并建设了利源码头，也就是现在十六铺码头的前身。当时旗昌洋行开启了长江航运的竞争，直到1870年被轮船招商局收购为止。1947年，蒋介石为了回奉化老家而从上海乘轮船到宁波，为了能让蒋介石有休息之处，招商局特别在此设立一小间招待室，从此，这里成为国民党官员乘船的休息所。现在的东方商旅大楼是1985年所兴建，过去的历史，静静地成为这块土地的记忆。

上海东方商旅酒店拥有豪华客房、套房，能以270度视野尽览北外滩、南外滩、浦东、浦西江景，深刻感受浦西史迹与浦东摩登时空的交错相互辉映。客房设计由简单线条交织而成，以柚木地板展现温暖氛围，透过柔和光晕色调营造家的舒适感。

酒店入口低调，全店空间仅供住客使用，充分注重隐密性。踏上灰色石瓦地，推转金铜旋转门，一楼接待处的大理石散发出温暖的鹅白色。

接下来，便可在黑色大理石、深色实木、古铜色铜雕、白色陶胚构成的讲究质感的空间里，感受静谧与温馨服务。走至三楼的柜台，立即映入眼帘的是一台曾在1873年维也纳世博会得奖且有近140年历史的平台式演奏钢琴，客人若想弹琴也可随意奏上一曲。室内空间规划优雅宁静，结合了艺术与人文，一些挑高的墙面上设置着实木百宝格，陶艺品与古董对象沉稳地摆设其中。步入二楼Le Lounge的空间，即刻映入眼帘的是一张由整块红木制作的大型实木餐桌（6.1m×1.5m），保留原始树皮外观与天然的纹路，让人触摸真实的质感。

延续台北商旅（Les Suites Taipei）低调奢华的风格，知名设计师吴宗岳先生，将过去上海滩的灵感与上世纪30年代装置性艺术元素优雅地融合，同时也是上海第一家荣选Preferred Hotel Group旗下之Preferred Hotels＆Resorts的会员。上海东方商旅，上海外滩群星中闪耀的一颗风韵内藏的珍珠！

ALOIS KERN

Hotel Pravo Shanghai

上海宝御酒店

室内设计：佟一清建筑咨询有限公司　　**设计师：**佟一清、夏小万

宝御酒店毗邻外白渡桥，正对东方明珠，与南京路、外滩、陆家嘴咫尺相邻，既坐拥城市中心便利交通，又完美融入申城人文氛围。

酒店仅提供86间客房，均为沙龙式套房，每一间各具特色。其中含臻情套房，臻辉套房，臻艳套房，臻华套房，臻品套房以及宝御套房6种风格迥异的房型。套房以绿色、米色及银灰三种色系为主。绿色给人以创新活力之感，入住其中，让宾客不由自主全身心放松；米色系结合强烈的线条感，雅致大方而又不失温馨舒适；时尚的银灰色，摩登感十足，全方位演绎奢华之风。训练有素的服务人员为每位入住客人提供贴心管家式服务，全方位保证宾客的尊荣享受。

宝御酒店将一至四层倾力打造成风格独特的餐厅，设计师对于每个细节均反复推敲，从酒店整体风格、装饰，到家具类型、室内香氛、背景音乐等，均经过层层甄选，其精益求精的完美追求在酒店中西融会的设计中得以淋漓尽致地体现。

玛蕾西餐厅充满了欧洲风情元素，天井、爬藤，这些细枝末节处的精描巧饰营造出独特的餐饮氛围。充满普罗旺斯气息的船型酒吧静静地矗于餐厅中

庭，超高落地窗优越的采光视角，恢弘大气而又不失欢愉。

御园中餐厅在设计上体现“时尚中国、中国时尚”的特色，用浓郁的中国风和朴质的材料对比，秉承“虽由人作，宛若天开”的传统东方理念。月洞门、精雕细琢的中式传统家具与艺术珍品“高山流水”相应相谐。东方传统的古典神韵与现代装饰艺术的简约，在静谧中彰显出优雅舒适的环境气氛，尽显东方式的空灵睿智。

客房沿袭了整体Art Deco的意蕴，体现现代摩登的内部设计。位于房间正中央的浴室，设计视角独特罕见，装潢风格别具一格，身处其中，恍若置身游戏世界，享受“追与被追”的乐趣；其绿色主题，前卫而不失温馨；充足光线，欢快而又不失个性。

多功能宴会厅的设计风格以上海名人故居为出发点，结合历史与时尚、艺术与奢华的元素。见证中国历史性的老照片与悬挂着的纸筒状廊灯，在暖黄色灯光的衬托下，体现了历史与现代的复古结合。三座精雕细琢的狮子头涌出涓涓细流，表达了静如止水的意境，彰显出“享乐精品，人文沙龙”的心境。

Xi Xuan Spa Hotel Hangzhou

杭州曦轩酒店

室内设计：RAD Ltd　　**设计师：**Tan Aaron

自我，是起点，是过程，亦是终点。

位于杭州西溪国家湿地公园旁的杭州曦轩酒店作为现代艺术精品酒店，外观独具性情，在古韵景致的怀抱下，却以当代简约风格逆向而行，建筑周围特设的水环境，让曦轩如同一个充满生活意趣的港口兀自歇息在自然之中。杭州曦轩酒店占地1.6万平方米，共有68间雅致舒适的客房和套房。室内设计同样沿袭外观简洁之风，却在空间上更加巧思，营造出动静结合的效果，而艺术感的布局则让人时刻获得新鲜感，在优雅巧致的现代设计中体悟平和与静穆。挑高三层是精品酒店少有的大规模“留白”，一脚踏进去的时候，有一种摄人心脾的美，但又是舒适的，会有满满一室的阳光洒进来，让人不由得想躺倒在沙发上。“篆香”的妙处在于书的唾手可得，甚至每一层楼梯拾阶而上的墙壁上都巧妙地凌空搁置了书架，其上满满的书，信手可得。

其顶级Spa主题精品酒店的称号也非浪得虚名。Meta Spa由广受赞誉的Ho+Hou建筑工作室设计监造，从声音、气味、光线、空间氛围的设计到设施设备的规划，每个细节都符合人体最佳舒适度的需求，以体现Meta Spa独特的个性。

THE TERRACE
RESTAURANT
BISTRO
WINE BAR
GLASS GALLERY

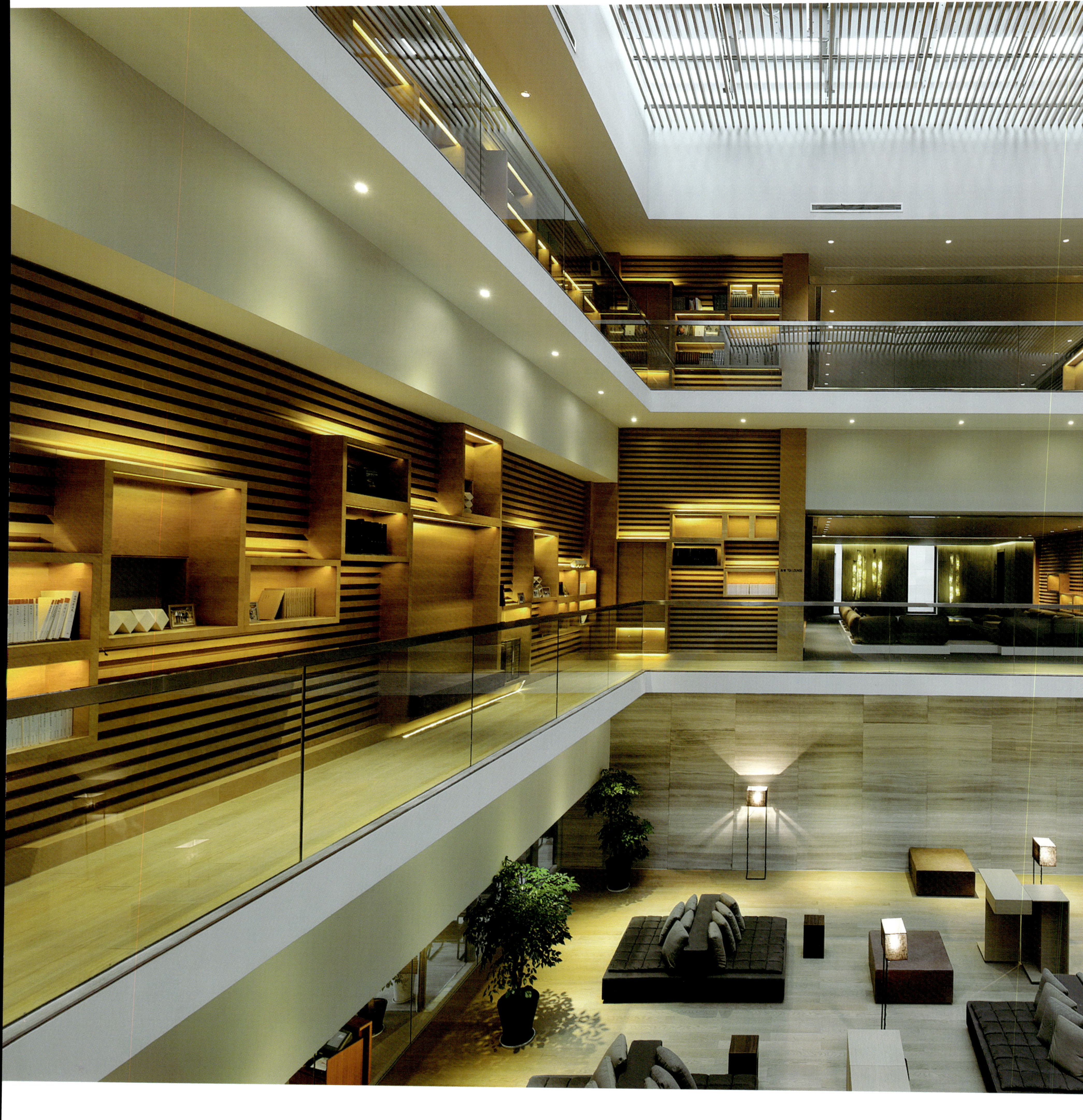

Hotel ICON
香港唯港荟酒店

室内设计： 思联建筑设计有限公司　**设计师：** 林伟而、温静仪、Jane Arnett、邓韵婷、萧宝珊、谈健铭

香港唯港荟酒店位于九龙主要旅游区，是香港理工大学设立的教学研究酒店，拥有262间客房。教学理念旨在为创新设计提供有力资源。酒店的布局和材质设计蕴藏了中国的阴阳学说，以曲线家具的柔和弧度中和建筑的方正棱角；Patrick Blanc设计的墙面立体花园柔化了建筑设计的较为冰冷坚硬的大理石墙。标准客房的浴室内亦设计了非常规的弧形淋浴间。

入口处的巨型门套及超常规的大堂酒吧台，使用了香港曾经十分常见但现在日益消失的镂空图案折迭叠闸门，唤起许多本地顾客的美好回忆。玻璃观光梯塔展示了本地艺术家融合中国元素的设计作品。

以单纯的层压板及内部照明制作出的连接二层的回旋向上的楼梯，与大堂内具有雕塑形态的座椅互相呼应。

“银盒子”宴会厅以特别设计定制的菱柱形水晶玻璃天花代替传统的吊灯。

健身区域设计成30尺高的盒子形状，加上室外泳池，均可观赏香港美丽景色。

每层的客房大堂均以学生的摄影作品作为装饰。

教学餐厅不单对外开放还兼具教学功能，轻松营造餐饮与教学的双重氛围。

ICON

Maldives Hotel

马尔代夫盛贸饭店

马尔代夫盛贸饭店为位于Addu环礁的马尔代夫香格里拉度假酒店的客人提供了一个很好的中转选择。

14层高的马尔代夫盛贸饭店是马累市中心最高的酒店，它的屋顶餐厅和酒廊均坐拥印度洋美丽的景观。酒店客房（包括豪华套房）中有16间还设有露台，客人可以在这里享受宜人的日落微风。

酒店设有3间餐厅，包括酒店大堂24小时Panini咖啡厅、提供亚洲及国际美食的LIME餐厅和可享受日式美食的Azur屋顶露台餐厅。此外，酒店提供24小时客房送餐服务，为困扰于时差及航班中转停留的客人提供方便。

从视觉上与印度洋融为一体的长达18.5米的无边界泳池是酒店最突出的亮点。此外，酒店还拥有心血管及力量训练等完备的健身休闲设施。

马尔代夫盛贸饭店拥有齐全的会议和宴会设施，提供三个单独的活动场地，其中包括一个可容纳多至300人的254平方米宴会厅。

Traders Hotel Hong Kong

香港盛贸饭店

香港盛贸饭店（Traders Hotel Hong Kong）是香港的一间四星级酒店，位处石塘咀皇后大道西508号，楼高15层，拥有698间客房，面积均在32平方米以上，大部分房间都能饱览开阔的维港景致。另外，酒店还将开设三间餐厅、一座1,000平方米的健身中心、一个长50米宽25米且面朝维港的户外泳池、一间700平方米的大宴会厅和一系列配备齐全的会议设施。

酒店原名为香港诺富特世纪港景酒店（Novotel Century Harbourview Hotel），由雅高集团管理。后来由于易手关系，改名为仁民饭店（Hotel Jen）。2010年8月1日起，仁民饭店更名为香港盛贸饭店。

21ST CENTURY
Hong Kong
Tomorrow at 04:30
Tokyo
Tomorrow at 05:30
Sydney
Tomorrow at 07:30
SAMSUNG

Ningbo Ritz Hotel

宁波丽兹酒店

室内设计：大匀国际设计中心/MoGA空间装饰设计　　**设计师：**陈亨寰/陈雯婧

从大堂、西餐厅到咖啡厅，酒店用同一种风格蔓延开来，强化建筑本身原有的柱子的序列性，并将空间区隔开来。家具造型硬朗，深色系，偏中式。

客房着力营造出居家感，整体呈米色调，柔和而亲切。家具、灯饰和细节的装饰，营造出温馨的居住氛围。

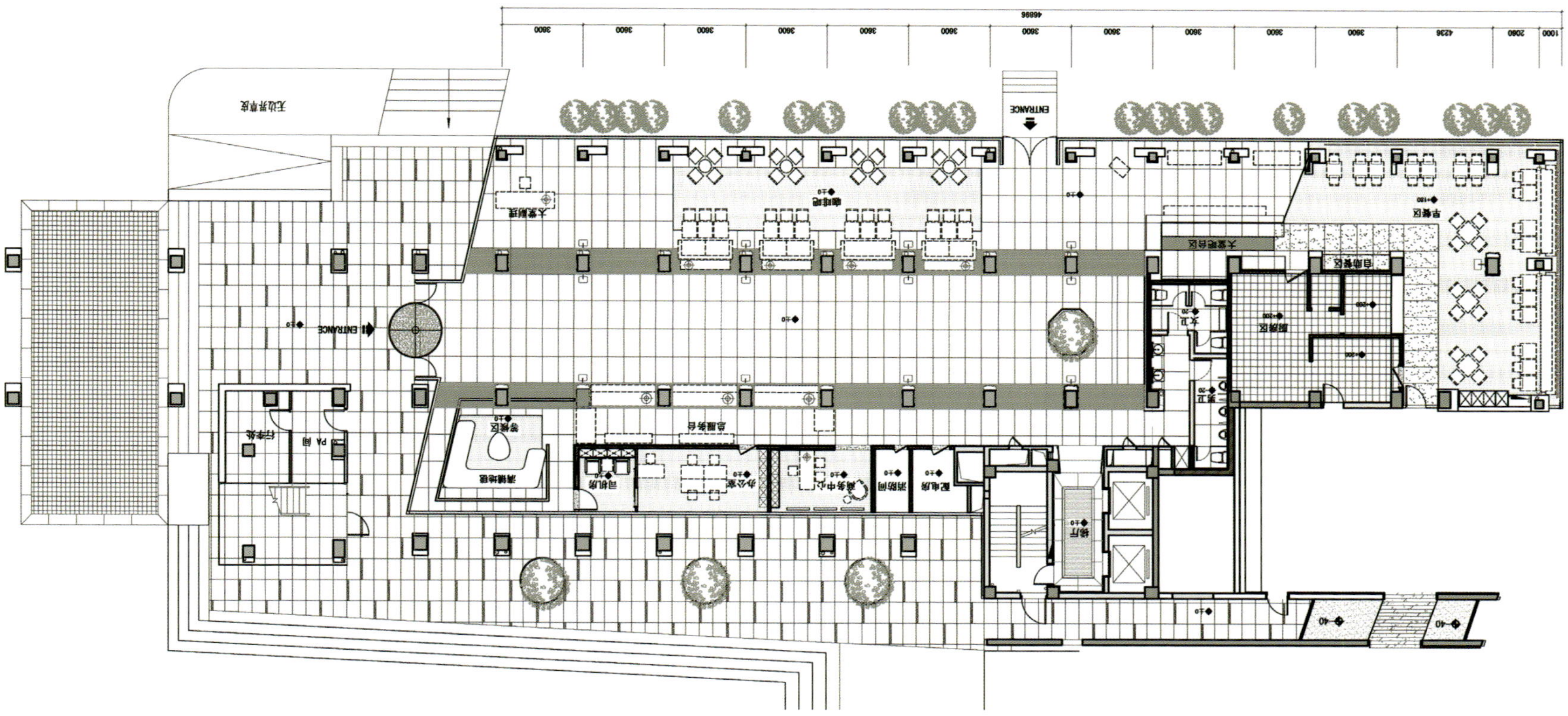

安全出口

设施名录
Directory
18F 行政楼层
EXECUTIVE FLOOR
17F 无烟楼层
NO SMOKING FLOOR
3F 17F 客房
G EST ROOM
ON 2F 行政办公区域
EXECUTIVE OFFICE
2F 中餐厅包厢
CHINESE RESTAURANT
BALCONY
1F 总台
SER ICE DESK
商务中心
BUSINES CENTER
大堂吧
LOBBY BAR
西餐厅
WES ERN RESTAURANT
CHINESE RESTAURAN
B
PARKING LO

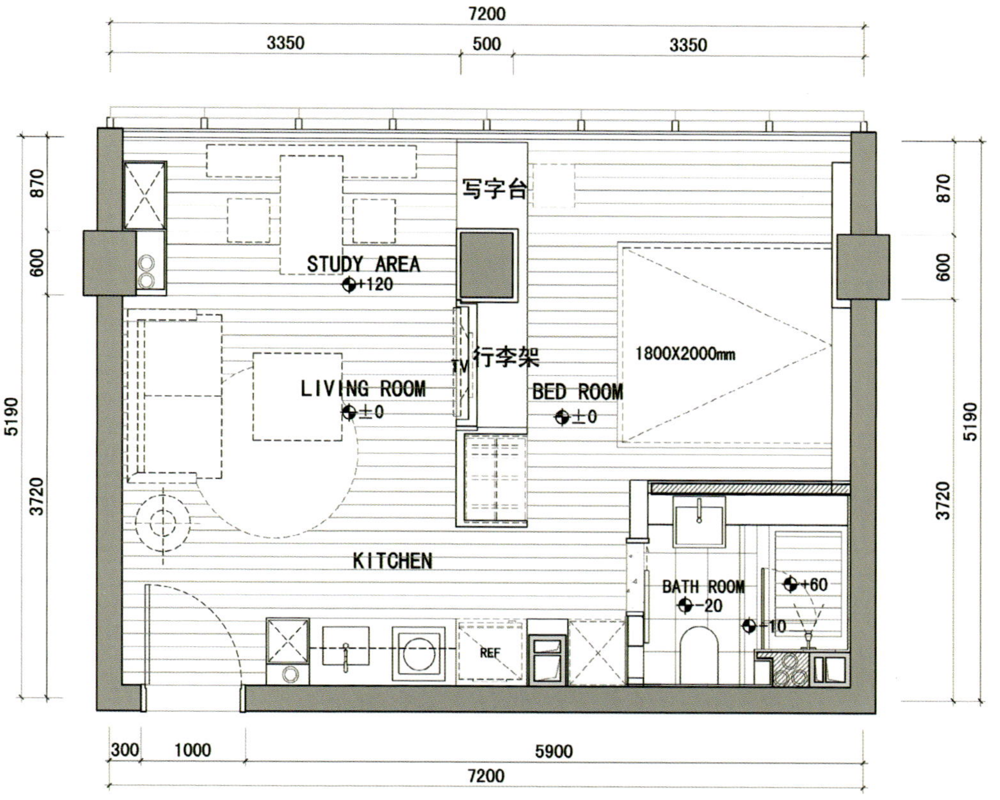
7200
3350
500
3350
870
600
5190
3720
写字台
STUDY AREA
+120
行李架
TV
LIVING ROOM
±0
BED ROOM
±0
1800X2000mm
KITCHEN
BATH ROOM
-20
+60
+10
REF
300
1000
5900
7200

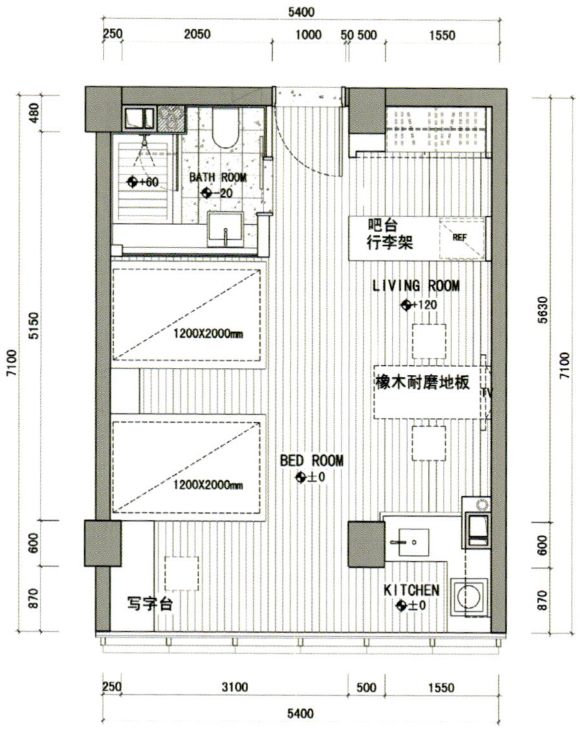
5400
250
2050
1000
50 500
1550
480
BATH ROOM
-20
+60
吧台
行李架
REF
LIVING ROOM
+120
橡木耐磨地板
TV
1200X2000mm
1200X2000mm
BED ROOM
±0
5150
7100
5830
7100
600
870
写字台
KITCHEN
±0
250
3100
500
1550
5400

Grace Beijing
北京格瑞斯酒店

北京格瑞斯酒店坐落在北京极具活力和文化气息的798艺术区，其前身是一驿酒店，经过酒店原持有人和格瑞斯酒店集团携手重塑后亮相。酒店共设30间各具特色、建筑装潢独特时尚的豪华客房，每间均具独特当代布置，跟酒店处于北京时装艺术中心的地位相配。酒店的餐厅已被易名为"Yi House"，以纪念酒店的起源。此著名餐厅提供现代地中海及亚洲风味佳肴，配有一流酒窖。北京格瑞斯酒店巧妙地融合当代中国艺术和传统风格，展现于明朝工艺品、现代色调和受瞩目的家具之上。

北京798艺术区的建筑深受包豪斯运动（Bauhaus Movement）影响，设计极具实用性，并于敞大的室内空间中引入充足天然光线。1995年，中央美术学院（CAFA）选择以这个空置的工厂区作为艺术家理想工作间。自此以后，众多北京艺术工作者以及无数画廊和书店纷纷进驻此地。此外，798艺术区亦是建筑与时装设计的中心。宾客如希望能够在亚洲政治、经济核心探求其历史和文化的迷人之处，并感受其蓬勃发展和跃动的脉搏，北京格瑞斯绝对是完美选择。

ARMANI

P

JIA Shanghai Hotel

上海JIA精品酒店

客房设计： BURO Architects
Hecker Phelan and Guthrie Interiors（HP&G）

大堂设计： 香港AFSO建筑公司

在上海的设计酒店中，上海JIA酒店似乎一直处于领跑的位置，它也屡次获得国际玩家的青睐。与很多绑架了所谓的设计以自抬身价的设计酒店相比，上海JIA酒店旨在通过提供独特的服务，为客人带来舒适的入住体验。而"You are where you stay"，则是JIA带给客人的一种低调的炫耀感觉。

洗浴间采用了金色小马赛克，让整个空间呈现一种低调的贵气，又巧妙地将这种东方元素隐藏起来。

房间内有多种造型不同的椅子，让你能转换各种姿势来享受这个家的温暖。

Japan Houses

MEET & CONNECT

LONGAN
IN HEAVY SYR

THECOLLEGEHOTEL in Amerstam

荷兰阿姆斯特丹THECOLLEGEHOTEL

室内设计：FG Stijl　　设计师：Dylan Tomas

这座酒店的建筑最初建于1895年，当时被用作一所学校，现在则属于阿姆斯特丹的历史保护建筑之一。来到这里的游客会发现THECOLLEGEHOTEL与世界著名的国立博物馆之间有一定的相似之处，这两个地标性建筑都建立于同一时期。负责建筑改造设计和室内设计的FG Stijl在接手这个酒店项目时，充分表达了对荷兰悠久历史的景仰。设计师把高档豪华酒店的标准与周围古典的环境结合在一起，兼收并蓄历史和技术。每一处新的设计细节都注重平衡建筑物本身带来的厚重历史感，致力于打造一个优雅、宁静的环境。一旦走进楼内，游客们能够感受到的一切体验都和奢侈有关。自然的气息和充满历史记忆的建筑内部，让来到这里的人们久久不愿离开。

The Luxe Manor

香港帝乐文娜公馆

室内设计师：David Buffery

以超现实主义为设计概念的精品酒店帝乐文娜公馆位处香港尖沙咀黄金地段，毗邻精彩夜生活热点的诺士佛台，设有153间客房、6间主题套房及各类优越设施。酒店的酒吧Dada Bar+Lounge，以创意装潢，向第一次世界大战后震撼艺坛的达达艺术运动致敬，同时让宾客感受非一般的艺术气息，满足时尚一族及商务旅客对奢华雅致体验和生活品位的追求。

Dada Bar+Lounge(Dada)的设计糅合抽象与虚幻，把这20世纪初举足轻重的文艺气息发挥得淋漓尽致，为宾客带来与众不同的感官享受。创新的鸡尾酒为味蕾带来前所未有的刺激；爵士乐的美妙音韵动人心弦。

画：大量绘制的窗框与门框等欧陆建筑图案，在平面的呈现上充满强烈的立体感，精密真实却容易导致错幻视觉。配合家具的，是很典型的Rene Magritte风格，这也是酒店最核心的设计风格。

大堂：用大量深色马赛克和超现实主义风格家具打造的大堂华美而神秘，形式感在明处，设计感在暗处，古典与现代混杂，真实与虚幻相生，很容易让人在进入酒店的瞬间体验到整体的氛围。

入口：酒店原本应设计在金巴利道上的主入口改到旁边，换以毫不起眼的小门，而设计在隐秘之处的主入口，却在低调的氛围中显得恢弘大气，有一种主次颠倒、虚实错综的小小戏剧感。

Aspasia餐厅：由Restaurant与Bar组成的一家西餐厅，也是The Luxe Manor的一个响亮招牌，米其林三星厨师Roland Schuller主理健康摩登的意大利菜，深得城中名流的喜爱，该餐厅也是香港最容易撞见明星的西餐厅之一。

DADA 3

dada
BAR + LOUNGE

VECTRA
PRECOR

MUSEI CAPITOLINI

Ishakin Xuquan Suites Hotel
上海爱莎金煦全套房酒店

室内设计：DARIEL STUDIO　　设计师：Thomas Dariel

上海爱莎金煦全套房酒店是一家充满时尚感的全套房豪华商务酒店，地处南京西路的顶级商务区域，周围众多顶级奢侈品牌汇集，甲级办公楼林立，是商务旅行常客以及休闲旅客举家出行的绝佳选择。

在其建造之前，该大楼是一幢有许多不同住户的居民楼，将近10年前的装修风格，每个房间集客厅厨房浴室卧房于一体，显得相当杂乱老旧。为了使之成为一个符合国际化五星级标准的酒店，设计师对其进行了重新设计，并耗费18个月逐层拆除整修，将其改造为拥有466间套房的22层酒店。

设计师的灵感源于法国知名西装品牌DORMEUIL（多美），他将细致的西装布料的条纹元素转化为室内设计的一部分，用艺术感的条纹壁纸或地毯装点空间，既与商务人士相契合，又与时尚不谋而合，更带给商务酒店房间一丝新鲜感。同时，设计师并没有忽略作为一家商务酒店所需具备的功能性，而是将其功能与美观完美地结合在一起。

设计师大胆地在不同的客房里无规则地运用了6种不同的主题颜色，粉色，绿色，蓝色，紫色，灰色，黑色。他的设计初衷是希望带给商务客人不同以往的感受。当客人到达时，酒店可以根据客人当时的心情来提供相应颜色的房间，也为客人的再次来访做出铺垫，直到他确定自己最喜欢的房间主题，如此也可带动酒店的再次消费。

浴室的法国大理石，复古感觉的

木地板，打开衣柜的皮质小拉手，衣柜门上优雅的法式复古线型，放大空间感同时也是装饰品的镜子，一切都让你感觉如身处奢侈品店里购物试衣 。

上海爱莎金煦全套房酒店经由设计师之手，重新赋予这幢大楼新的活力并开启其位于这黄金地段的新角色。酒店不仅舒适优雅，设施齐全，而且坐拥市中心的繁华夜景，可充分调动五官感受，使出差旅行变成一种享受 。

Zhouzhuang Blossom Hill Boutique Hotel

周庄花间堂•季香院精品酒店

室内设计：DARIEL STUDIO　　**设计师：**Thomas Dariel

花间堂季香院酒店位于江南水乡周庄。这一精品酒店项目是由三幢明清风格的老建筑改造而成。在改造之前，这三幢独栋建筑曾为戴宅，后分别被用作博物馆、茶室、客栈，并有一部分已被废弃。DARIEL STUDIO将其合并改建成拥有20套客房的精品酒店，力图保留建筑最原始的空间结构以及其历史传承。昔日的戴宅被分为东、西、中三宅，三宅独立而建，却又紧贴相连，成为一个整体，格局迥异，各具特色。DARIEL STUDIO用了近半年的时间对其进行修复改建，包括地面高低的统一，主梁的加固，门窗的修复和重建，结构的重新划分等。

酒店与周庄的如画风景和历史相结合。为了契合周庄这一古镇的历史感及中国文化元素，热爱中国文化的设计师Thomas Dariel将这个精品酒店的设计主题设定为“穿越季节的感官之旅”，其灵感来自于中国传统的二十四节气。

首先，在酒店各房间的布局上，根据太阳上升降落的规律，至南向北地将春夏秋冬依次在各排房间进行演绎。从浅浅的大地色，到跳跃的橘色，过渡到深沉的紫色，演绎了四季的不同个性。此外，还采用四季迥异的花卉来命名不同的客房——芷樱、碧荷、丹桂、墨兰，并且运用不同的软装和灯饰来诠释，仿佛终于找到了隐世的桃花源，让人置身于四季的国度，久久不愿离去。

其次，设计师选取了几个重要的节气进行分别表现，使整个酒店的空间立体分布具有季节性的标志——在接待处表达“春分”；通过色彩的强烈对比和西式吧台与中式家具的搭配，在中西餐厅表达“夏至”和“冬至”；在阅读室表达“惊蛰”；在水吧和茶室表达“白露”和“小

暑”……

在进行修复改建时，DARIEL STUDIO采用相同形状花纹进行重新制作以符合明朝风格。在庭院门楼上，秀才陶惟 的题字“花萼联辉”寓意戴氏兄弟连心，必能兴旺家业；堂楼之间天井相连，雕梁画栋，颇有气魄。正厅对面为三进重檐风火墙门楼，题额刻有“剡溪遗泽”，意为怀念故乡情深；房间里也随处可见弯曲的悬梁和雕花题刻。除了保留原有的能够被保留下的，更多的仿古装饰被装点进了这个空间以契合整体的环境：灵感来源于中式手提食盒的各类柜子，竹子形状为支柱的中式大床，古式的门把，卫浴间门上的雕花铜片，镶在墙上的民族项链，各式的中国瓷器花瓶，亮色的交椅，墙上各色毛笔笔刷高低错落的排列……

酒店拥有红酒吧、阅读室、影音观摩室、水吧、水疗室、瑜伽室等活动中心满足休闲享受的需求。在这幢典型的19世纪建筑中，古老中国的特色与现代摩登家具交织在一起，再配以当地特色的手工艺品，使人沉浸于这座城市的灵魂与个性之中。

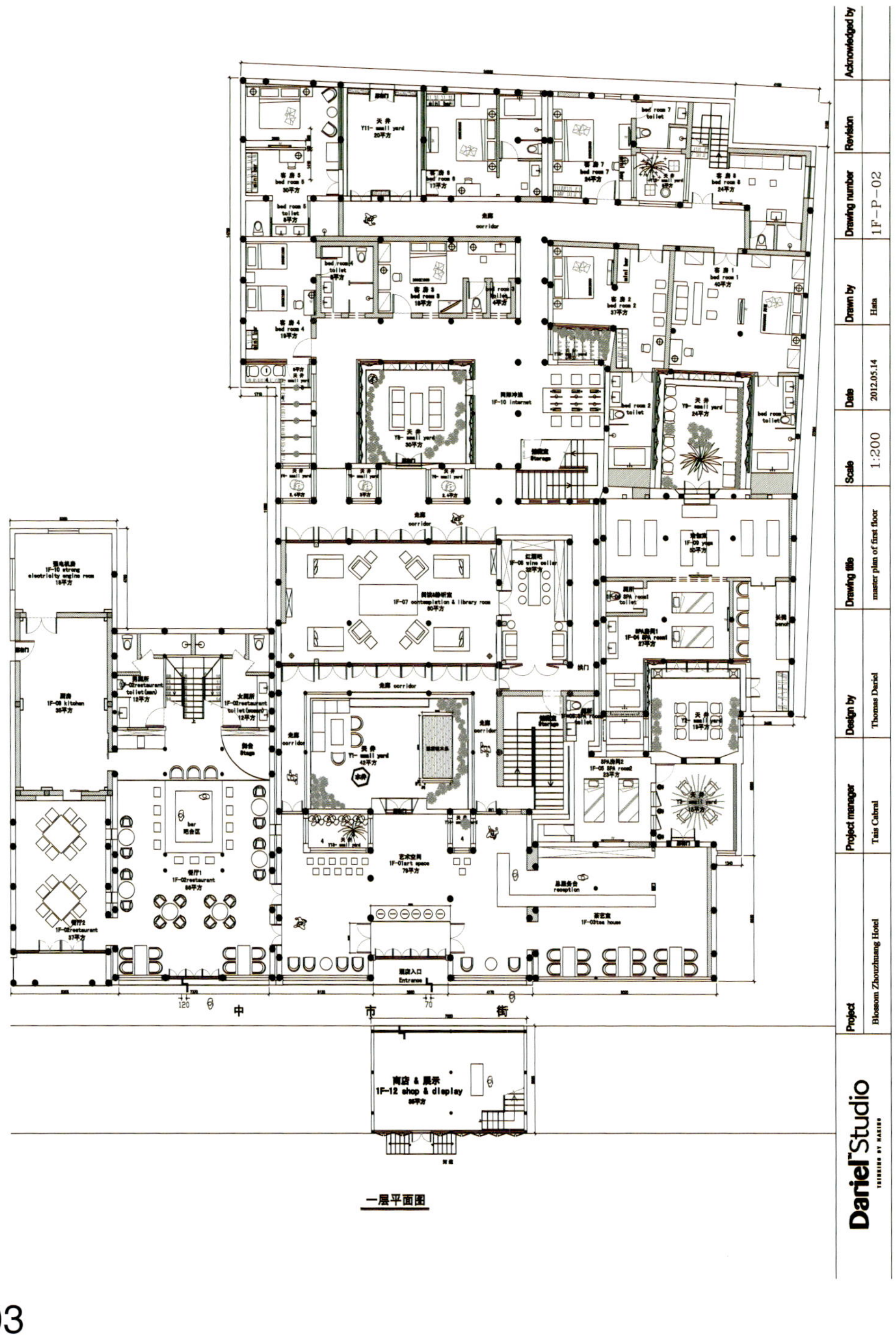

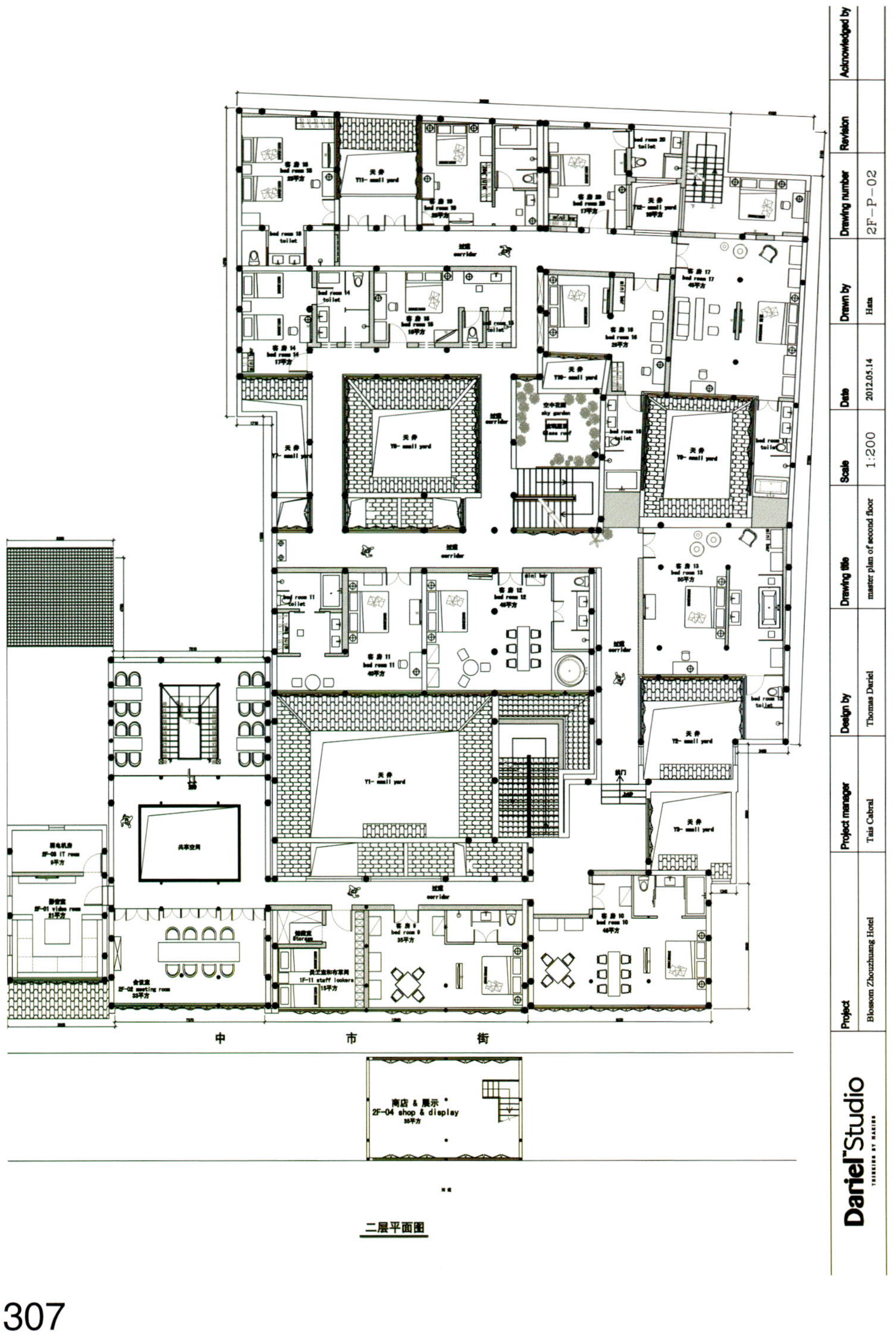
中
市
街
商店 & 展示
2F-04 shop & display
二层平面图
Dariel Studio
Project
Blossom Zhouzhuang Hotel
Project manager
Tais Cabral
Design by
Thomas Dariel
Drawing title
master plan of second floor
Scale
1:200
Date
2012.05.14
Drawn by
Hata
Drawing number
2F-P-02
Revision
Acknowledged by

Taipei MU LAN HOTEL

台北沐兰时尚精品旅馆

室内设计：杨焕生设计师事务所　　**设计师：**杨焕生、郭世豪、王慧静、陈永彰、沈楚琳

509房间：匆匆穿越熙来攘往的内湖科技园区拐个弯进入沐兰旅馆，缓慢的步调瞬间被巷弄间的花草稀释，兰花与鸟啼还有缓慢的流水映入眼帘，几盏矮树灯陪伴开启旅馆房门，509房的绿草露台一角的石钵元璧草悄悄探出头来打招呼，还没进入房间就被这一路绿意的悠然气氛感动。

来自东方的元素被转译成时尚休闲风格，整体色调从黑、白、红、金为主，刻意修饰的天花板与吊灯产生空间延续的虚实关系，与509房精致的家具共同产生视觉的美感，利用穿透性的玻璃隔间轻巧地划分出各区域，使空间相互借景也融为一体。

此空间有两个高度分别为4.5米及3.2米的限制，这或许是创造设计的另一个开端，设计师认为在操作上应善用这些条件。空间上部采用垂直落下的吊灯，大大小小错落于天花板，让整个天花板有了轻巧及绚丽感觉，这些灯饰也被用来增加空间层次，削减空间高程落差，下部以垂直面来着手操作，让视觉可以延展于开放的环境中，重新定义出多重空间层次。

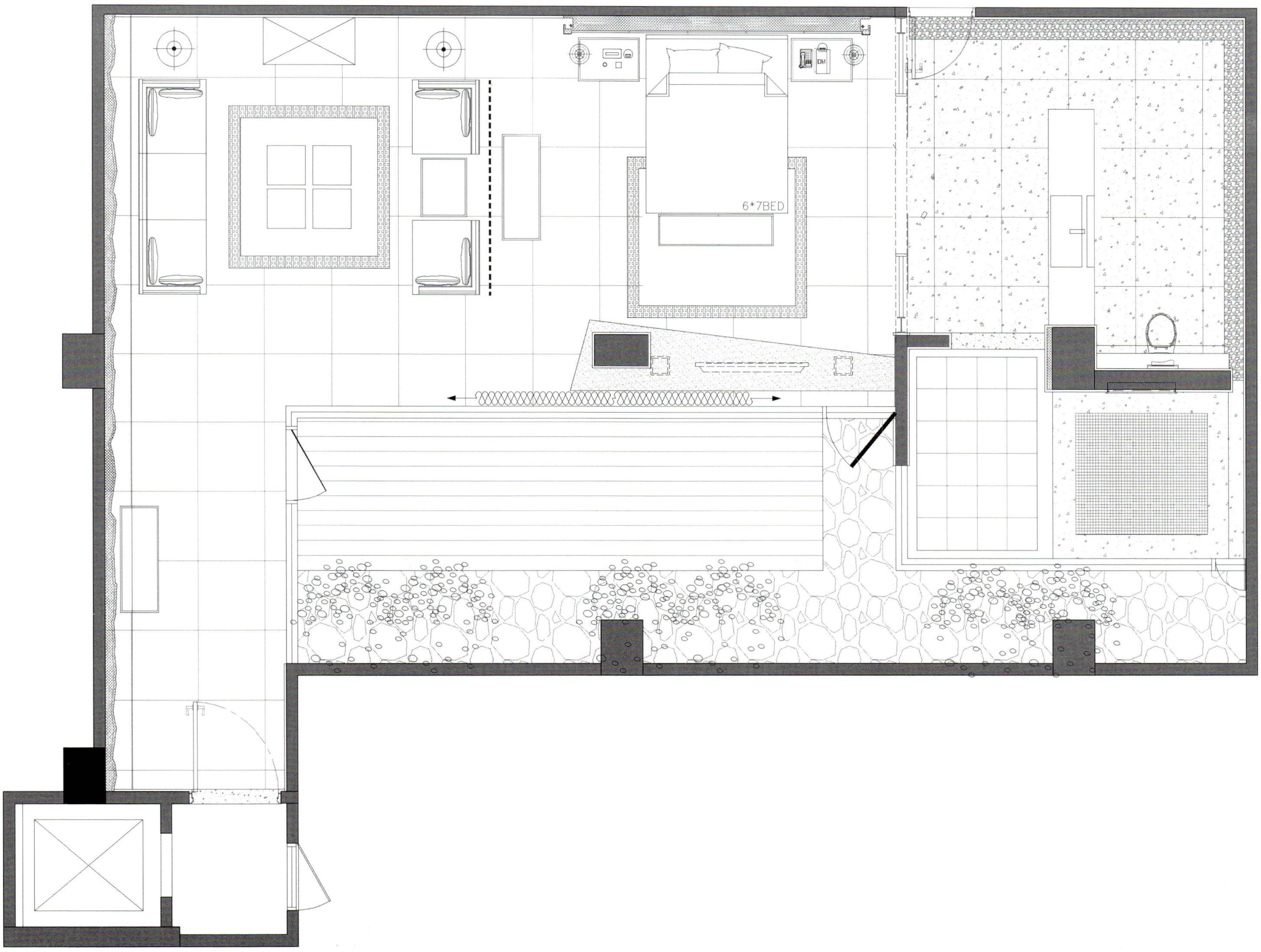
6*7BED

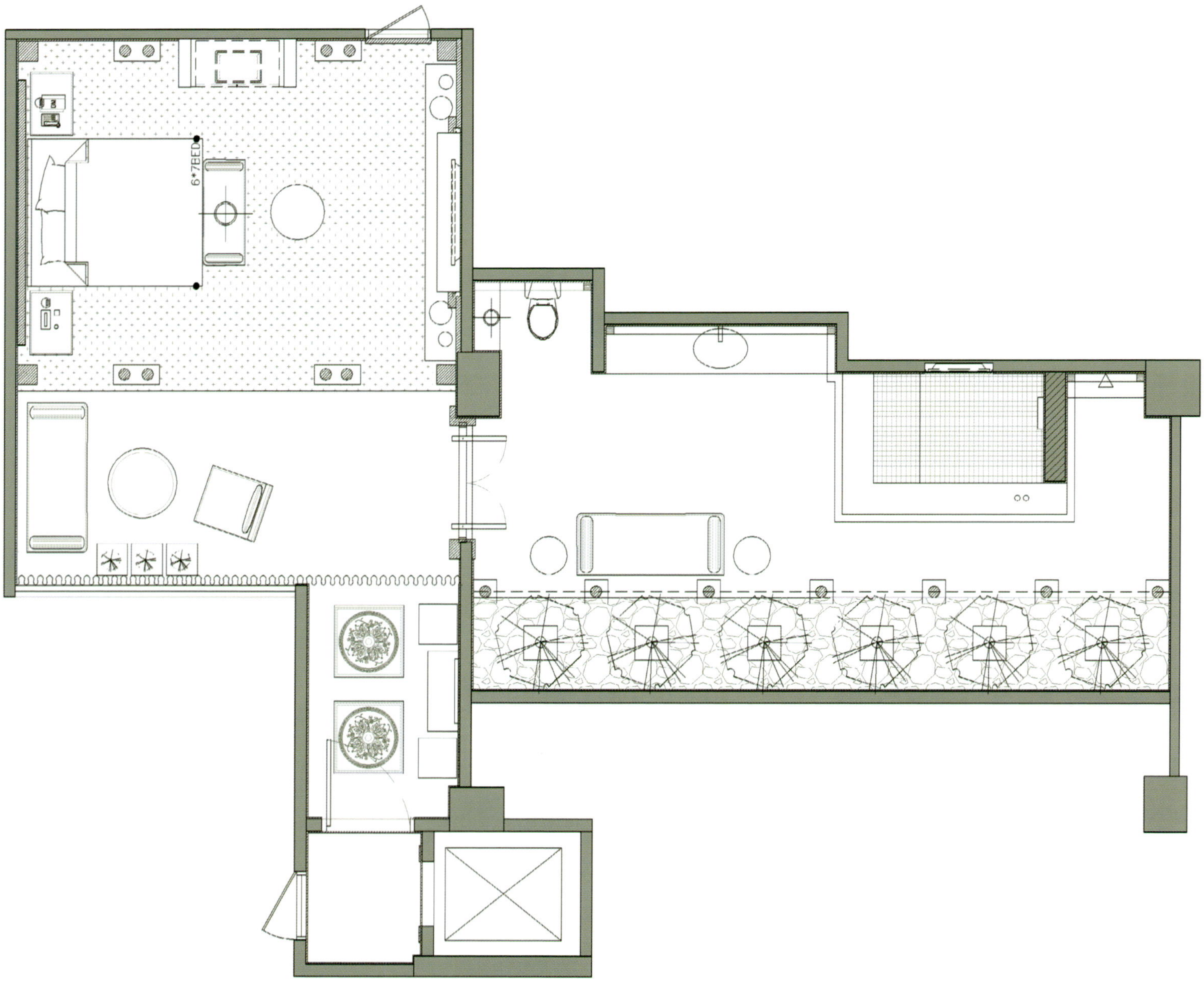

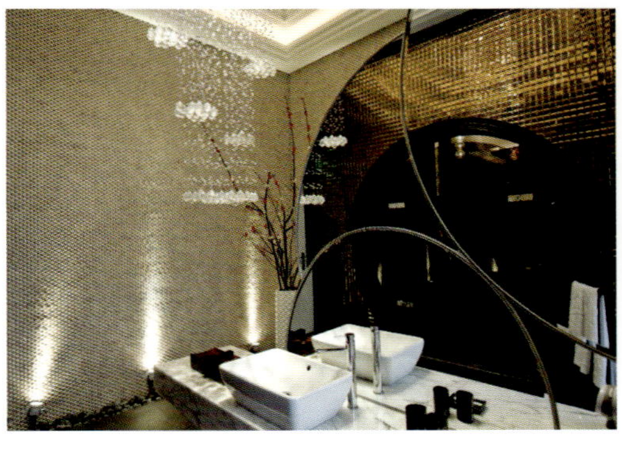

503房间：步入客房里映入眼帘的即为一盏以古典铁件为骨架搭配黑色布罩及黑色流苏吊灯吊在挑高的卧室天花板，展现出一种华丽古典感，借由地板图腾、地毯连结不仅延伸空间视觉，同时也塑造出丰富的光影变化。

卧室与浴室以大片琉璃大门相隔，在玻璃后方为明亮的浴室空间，使浴室与卧室透过水波琉璃窗花视线隐约相通。设计师特别在空间当中采用了一些金色元素为空间添加些许的华丽度。在整体空间配置上则以地坪和天花板线划分区域，一道自入口延伸到古典立柱弯折而上的弧形天花，作为入口休闲区与卧室区的分隔，暗示区域分界，也迎入更多的光影映像，床铺区域利用古典立柱包围，减少空间挑高后的放大效果，同时增加空间故事性与视觉感，地板铺设卷草手工地毯，完整了卧室的华丽感。

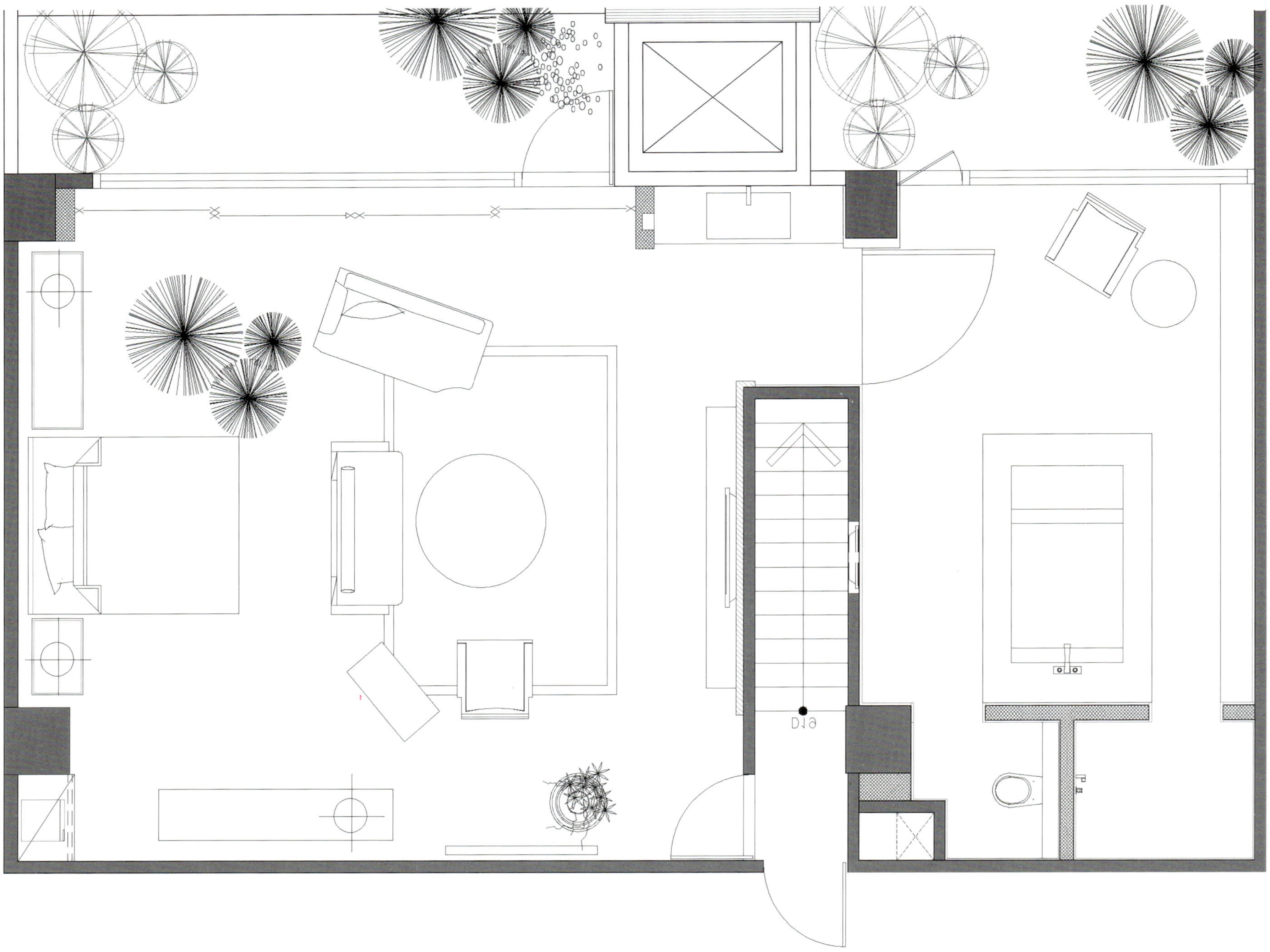

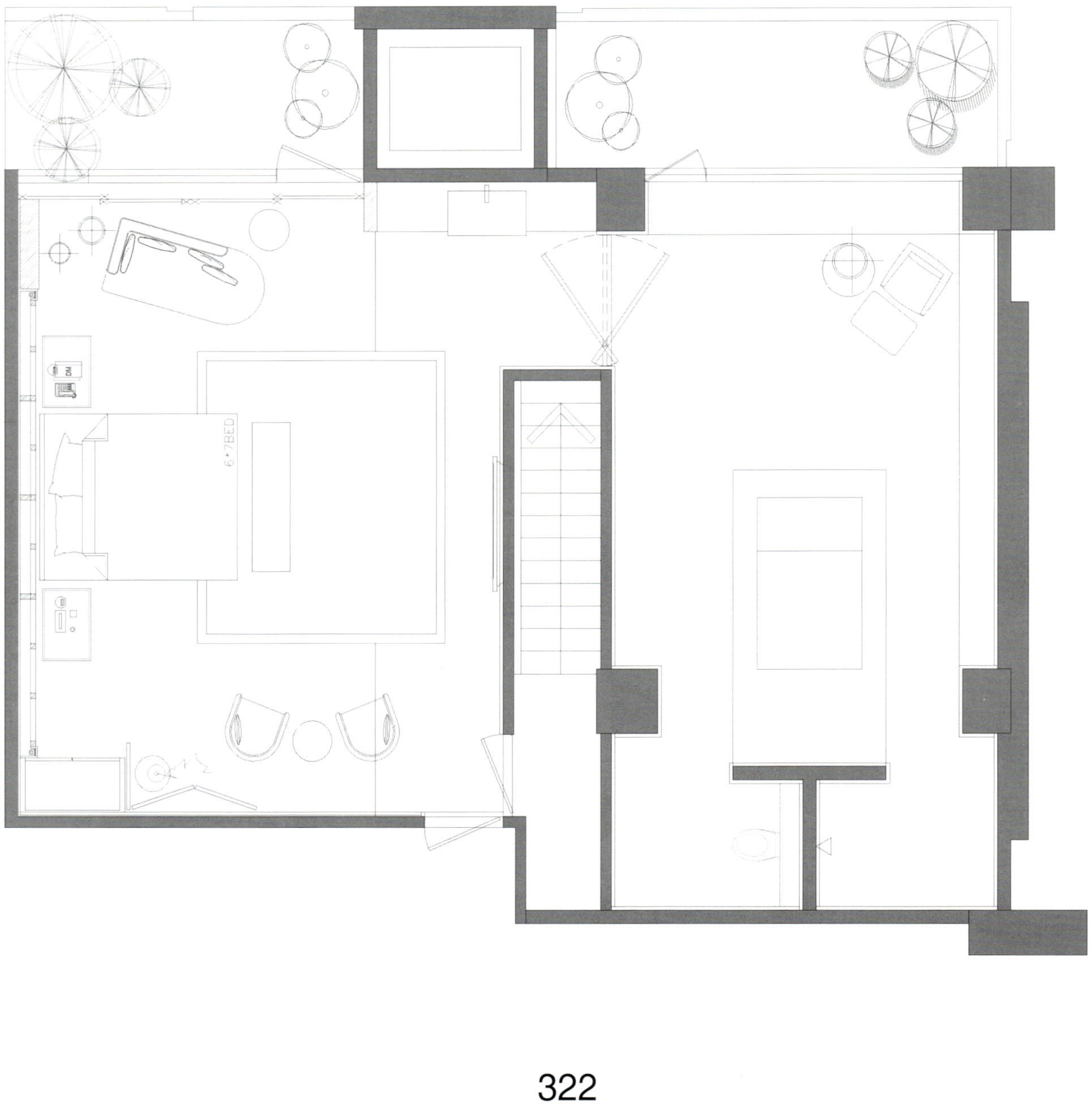
6*7BED

601房间：以素白为基调，设计师细致地处理空间细部，使自然日光充盈于室内，并且随着时间流动变化光影效果，伴随着住宿生活的脚步一同展开；住宿生活中的大小变化，可能是了解与关爱，也许是出现一段爱情的喜悦，都涵蕴于空间中，随着住宿生活状态，有时高有时低，全是生活轨迹。

卧室与户外庭园仅一片玻璃之隔，让空间能相互借景，使空间处于流动的状态，依循客人当下需求，可串连使用也可各自独立分开。而在使用机能合理性的考虑之外，还有浪漫光景的塑造，可于浴室窗边或是中庭内或坐或卧又或是啜一口热茶，即便是单纯驻足小憩也富有多样情趣。

空间里以白色基调拼贴出丰富层次感，不论是从卧室到浴室的花朵图案，走道白色大理石地板，或是墙面上的白色图案花裱布及圆柱上的白色烤漆，总而言之透过各种材质的“白”，让空间视觉上更开阔舒适。

设计师认为，不以任何风格界定，想表达的重点指示一种无为的写意，设计在于无形，一切都是旅馆风格的呈现，单纯的色彩、单纯的材料，无非是表达浪漫，生活步调本身才是主角，形式不是重点，质感才是我们一直以来想要追求的。

Jade Valley Winery

陕西玉川酒庄

设计单位：马达思班建筑设计事务所　　**主设计师：**马清运

玉川酒庄位于中国陕西省蓝田县玉山村，一个能够激发中国人家园意识、文化认同和乡愁的地方。作为玉川酒庄核心的玉山计划涉及特色旅游、建筑实践、红酒文化、艺术与教育的研究，同时，它探讨了本土实践与全球化的关系。玉川酒庄，包括酒窖、博物馆、艺术中心、酒店、别墅、俱乐部、餐厅，结合当地自然的土原地形，依山势规划建筑和种植用地，将人工建筑和雕塑适当植入自然景观。建筑形态上，玉川酒庄建筑物汲取了当地民居的鲜明特色，以关中民居的半坡庭院组织，采用当地传统建筑材料和手工建造模式，结合现代建筑工艺，形成了独特的现代本土特色建筑。十年前，政府确定玉山镇成为生态旅游区，并提出了新农业发展计划。十年后的今天，玉山项目将从小麦种植转变为了葡萄种植，葡萄园和酒厂为当地农民提供了更多的工作岗位。该项目通过一系列的建筑探索，挽救了当地本已濒临失传的传统建筑工艺。除了经济上的增长，艺术计划还致力于展示农民的生活及劳动，这些东西的丢失直接反映了当地劳动力及土地的流失。马达思班对农村的憧憬，绝不是乌托邦式的田园牧歌想象，而是回到最初的土壤中去，结合新的产业模式，在中国知识分子曾经熟悉的社会文化情境里，试图再造较为符合中国实际的空间实践。

Eadry Royal Garden Hotel Haikou

海口鸿洲埃德瑞皇家园林酒店

室内设计：毕路德国际　　**设计师：**刘红蕾

酒店中式园林式建筑群乃集千年华夏皇室气象之大成，亭、台、楼、榭，精雕细琢，完美诠释着隐逸、尊享的皇家风范。

酒店拥有305间客房，乾清宫、颐和府、静憩轩、养心阁、慈宁榭、谐趣园等多种风格，格调华贵高雅，设计新颖别致，欧式至善至美的奢华和中式的优雅沉稳在此相得益彰，国际一流水准的配套设施一应俱全。

酒店5 500平方米的顶尖会议中心尊贵气派，800多平方米的无柱式豪华宴会厅、66至308平方米不等的11个会议及多功能厅均配备国际一流的设施，高质量的个性化会务服务确保各种活动的成功举办。

集古典与华贵于一身的中餐厅在小桥流水的超凡氛围内为您提供经典粤菜；西餐厅采用开放式厨房设计，妙手大厨全情演绎，让您体验先观其色、后闻其香、再品其味的全方位饕餮盛宴。

精油香氛驱散身体的疲惫，潺潺水声引领您进入人间天堂。怡SPA水疗中心以纯正泰式风格打造，配以纯天然植物萃取精华，结合传统中医养生与泰式理疗按摩手法，带给您舒缓身心、焕然一新的全方位水疗享受。

独具特色的私家酒窖，储藏着来自世界各大知名酒庄的各款精酿，“仿生”模拟的环境赋予佳酿原汁原味的口感；顶级雪茄吧的珍藏，与悠扬的乐曲缠绕，微醺中成就您商务社交的极致品位。

酒店所属鸿洲　江山项目，综合运用“街区式设计”和“绿色设计”理念，强调亲邻睦邻，根植于本土良好的自然资源，努力挖掘地域人文内涵，关注居民的心理需求与社交需求，营造出既温馨自然又富人文的街区氛围。

行政酒廊

The ST. REGIS Sanya Yalong Bay Resort

三亚亚龙湾瑞吉度假酒店

室内设计：DiLeonardo

三亚亚龙湾瑞吉度假酒店位于亚龙湾最私密的黄金海岸，紧邻红树林保护区与亚龙湾游艇俱乐部，由国际知名设计公司DiLeonardo负责室内设计。

酒店拥有401间客房和套房，其中包括28栋海边别墅。酒店建筑的设计灵感来源于“双龙戏珠”这一古老的神话。以微拱型的酒店大堂为中心，整个度假酒店从大堂向外延展，由客房组成“龙”的双翼，蜿蜒而行，形成“双龙”图腾。两条“龙”交错相连，在巍峨山峦之间起舞，在亚龙湾至半岛上盘旋，美轮美奂，寓意吉祥。

DiLeonardo将充满了欢乐的大海、沙滩、游艇码头和航海等元素完美融汇在酒店的内部环境设计之中。门廊和大厅线条简洁，空间宽敞，点缀着类似游艇触感的木质装饰，异国情调的砂色石头，以及似豪华远洋轮上物品装饰，令人印象深刻。在细节的设计上，精致无比的木制品和精心加工打磨的金属制品与自然切凿的石块强烈撞击，奢华与自然都在这里展露无遗。

无论是超大的客房空间，横跨180度的无际海景海边别墅，还是在可眺望稀有的红树林景观得客房视角，以大海为中心的设计元素在房间的各个角落体现得淋漓尽致。房间里来自世界各地、做工考究的家具上，乳白色的基调被原生态的点点红色所渲染，顿时产生了视觉的跳跃与空间的灵动感，营造出别样的热带风情。

闲逸廊位于酒店的大堂，开阔的视野，室外的露台，如同会客厅般为客人提供全天休闲、会客、小憩、茶饮的绝佳去处。极富现代又略带典雅色彩的横梁彩绘窗户让亚热带色彩斑斓的阳光折射进闲逸廊的各个角落。考究的沙发长椅错落有致地摆放，无论是私密的角落还是室外露台，无限延伸的木质穹顶，微微转动的吊顶风扇，都能让您随时感受凉凉的海风与海天一色的美景。祖母贝壳罗列镶嵌的吧台，奢华的吧椅，必定是您享受轻松惬意完美时光的绝佳之地。

秀餐厅是拥有开放式厨房及户外用餐区的全日制餐厅。摆放着各式料理的质朴典雅的木质自助餐台，陈列着各式精美厨具的内嵌式橱柜，让您倍感居家般的轻松惬意。

醒酒廊拥有极具私密感的怀旧空间。夸张的燕尾沙发为您的小型会面营造出私密的空间。做旧的木门及粗糙的拱形墙面，梦幻华丽的酒藏陈列架，曼妙的灯光透过酒瓶折射出的光影照射在中央的木质挑高大方形餐桌上，这时空的撞击感，让您重回那久远的情怀。

宴悦海鲜餐厅地处世外桃源般的海边，拥有无限靠近海边的室外吧台，极致海景的餐厅和可通过静幽小道到达海边的私人包厢。餐厅内白色的墙面，木制的地板及梁制的顶部，让您不由得想到那似曾相识的酒吧和餐厅。古朴的室内环境让您重回古老欧洲美丽的海边村庄。白色的椅子配以华丽的灯光、木制的桌子，给您悠闲却不失优雅美完的就餐环境。餐厅内的香槟吧及可展示海鲜的餐台，让您在"遭遇"美食诱惑的同时，这里开放式的厨房也不会让您错过厨师们的现场厨艺表演。

Imperial Hot Spring Holiday Hotel Guangxi

广西古象温泉度假酒店

景观、建筑、室内设计：深圳市朗联设计顾问有限公司　　**设计师：**秦岳明

古象温泉度假酒店是设计师从总体规划开始，规划、建筑、室内一气呵成的作品，手法统一连贯，由内而外的每个空间都经过推敲与斟酌。整体设计围绕“天人合一”的中国传统哲学思想展开，灵感来源于中国传统民间建筑并重新演绎，同时当地山景的自然起伏结合。同时在建筑及室内的建造中都大量采用了当地的材料和营造方式，把当地的“团云”、“秀水”、“奇木”等自然景观以抽象的形式剥离出来并运用于不同的室内外空间，形成空间内外的相映成趣与阴阳和谐。手法温和细腻，带给客人以舒适自然的休闲体验和自然情趣。

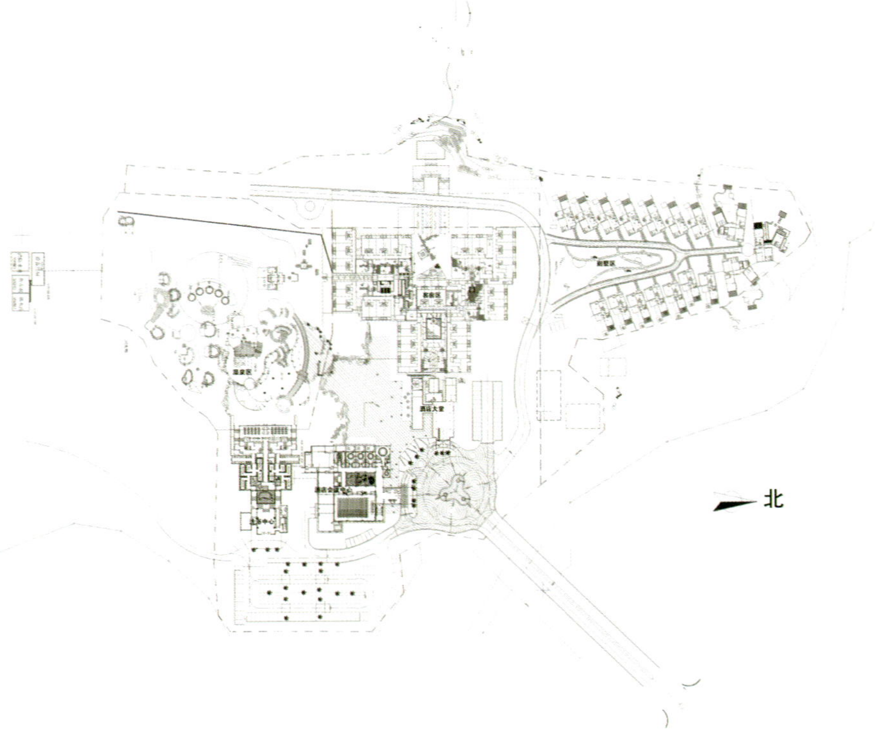

Shenzhen Castal Hotel

深圳正中高尔夫隐秀山居酒店

设计单位：日兴设计•上海兴田建筑工程设计事务所

正中高尔夫隐秀山居酒店是集高尔夫运动、休闲娱乐、商务、会议、接待等功能于一体的休闲度假酒店，地处深圳市龙岗区正中高尔夫球会园区西南侧，紧邻龙湖和高尔夫球场。基地内自然环境优美，为酒店品质奠定了创造了条件。建筑师把“土”“木”作为设计元素，以营造建筑与自然相和谐的环境为目标，提炼和融合地域特征，以得体的尺度把建筑嵌入到环境中，将回归自然的元素始终贯穿于设计中。

酒店主入口采用木构材料沿纵横两个方向均形成27米的大跨度空间，成为中轴对称的五边形，建筑也由此中心向东西两侧有节奏地呈折线型展开。建筑首层均为公共活动的大空间，大堂西侧设有会议室、VIP接待室、商务中心等，东侧主要设有商店、西餐厅、宴会厅等。二层以上主要为酒店客房，共有210间，分设有标准客房、豪华套间、无障碍客房等，顶层设有行政接待厅。其客房为跃层空间，最东侧是总统套房。为使客房获得更好的景观和视野，设计中利用首层顶部夹层进行结构和设备转换。折线型的平面加之结构的转换，使客房与主体结构柱网形成一个角度，并将客房的柱网开间减小，使结构柱墙一体化。建筑师通过建筑空间立体交错的方式很好地解决了景观、结构、设备和建筑的大小空间倒置等矛盾，使客房空间更简约。在高尔夫球场一侧的客房阳台上特别设置了室外浴缸，宾客在沐浴时还可以欣赏高尔夫球场的景象，十分惬意。

总平面图

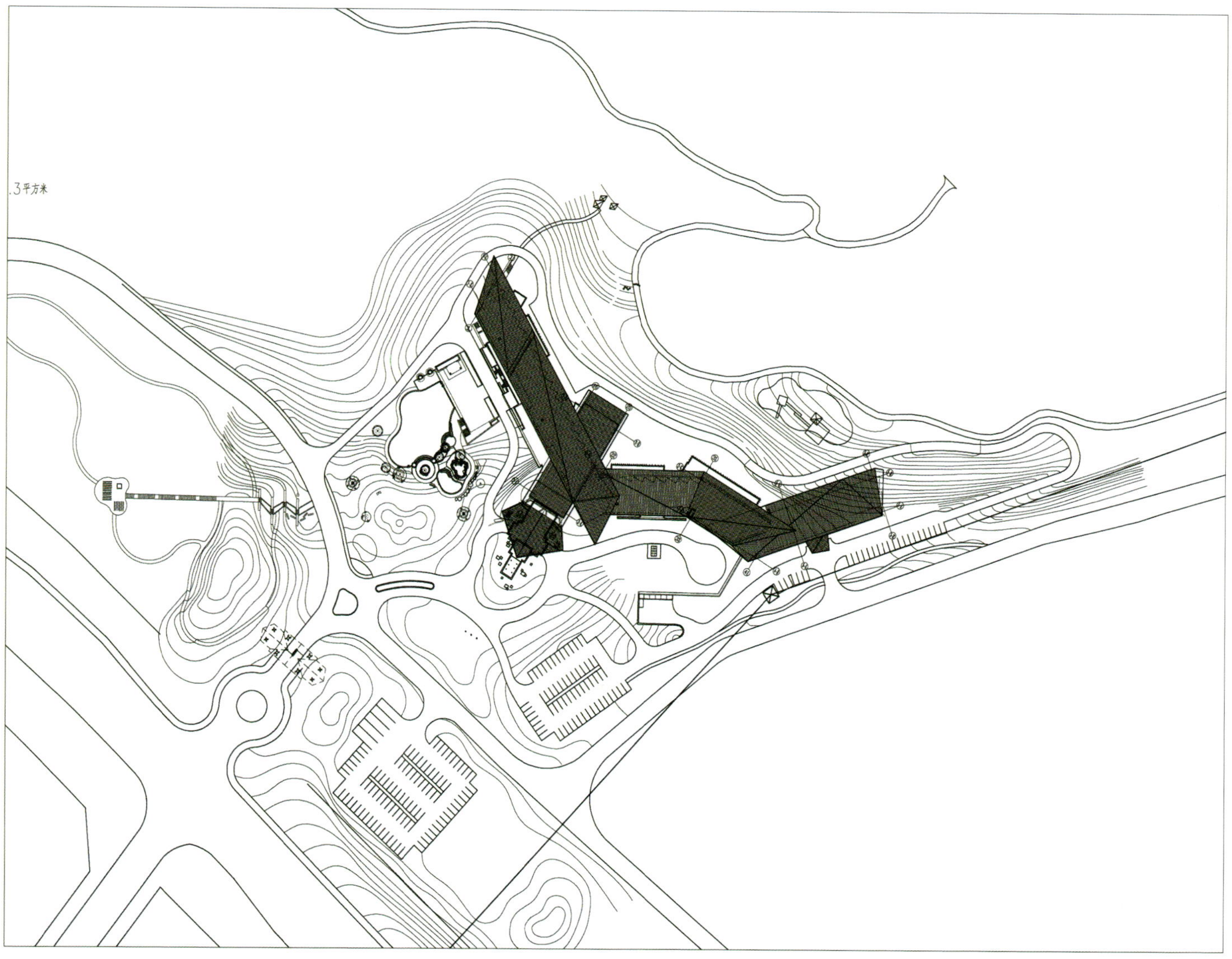

剖面图

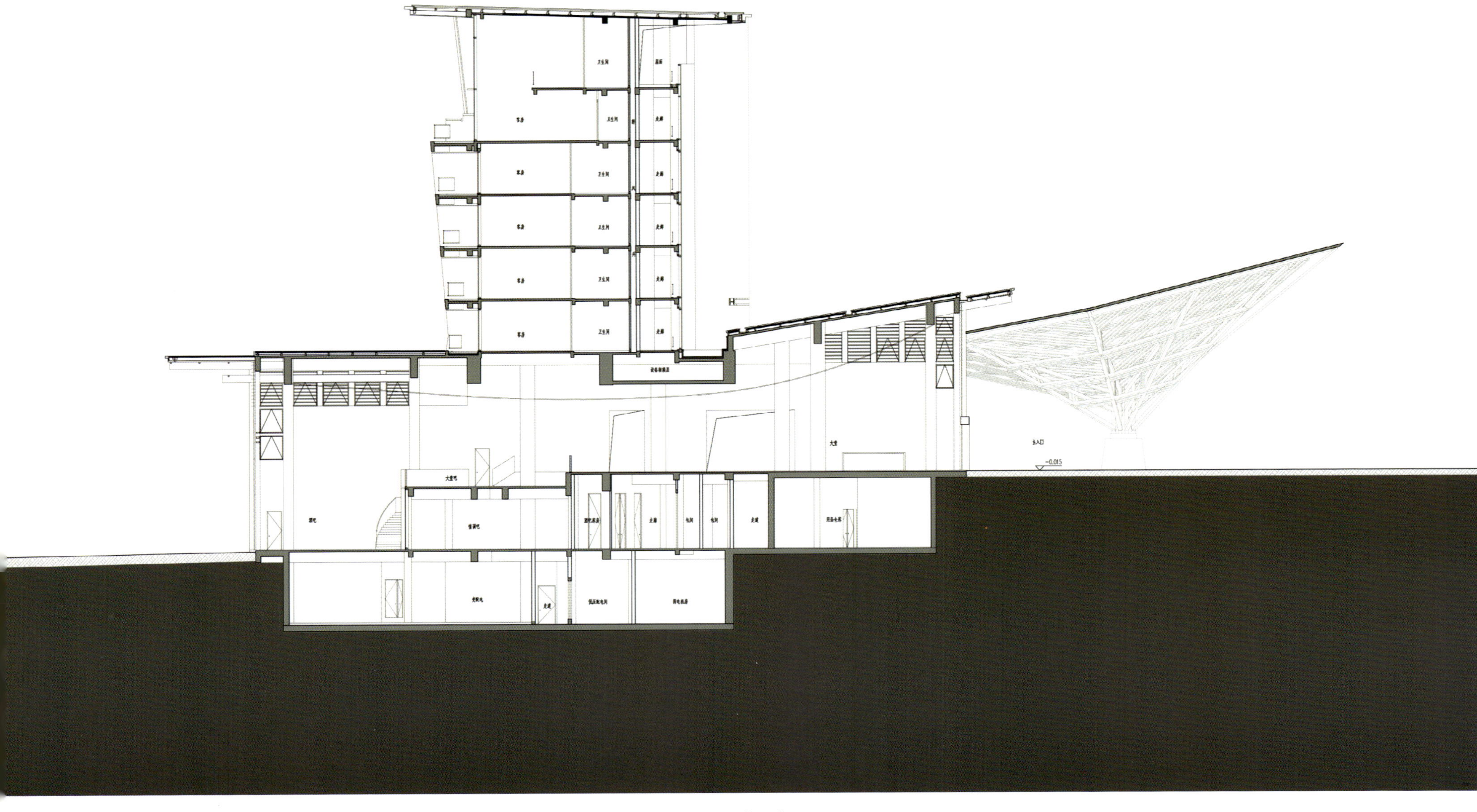

The Club at Capella Singapore

新加坡嘉佩乐酒店The Club长期住宿套房

室内设计：Jaya & Associates　　　设计师：Jaya Ibrahim

2012年，位于新加坡嘉佩乐酒店内的一座建于1880年代的法定保护建筑物正式列入The Club at Capella Singapore，供长期租住。这座殖民地风格庄园面积为436平方米，拥有3间卧室、饭厅、厨房和私人泳池，由室内设计师Jaya Ibrahim设计，与普利茨克建筑奖得主Lord Norman Foster为酒店扩建的新翼新旧相融，相映成趣。

The Club at Capella Singapore环抱30英亩翠绿山峦，提供多种选择：62间面海及园林景观套房能够满足个人、情侣和家庭的住宿需求，是宾客们小岛上的家；10间顶层复式套房面积达3,186平方英尺，间十分宽敞；9座具有现代感的庄园各至少达4,200平方英尺起，拥有私家花园、游泳池和车道。除了会所内的各类休闲设施外，The Club还拥有通往风景秀丽的巴拉湾海滩的直接通道。同时，宾客也可全面享用新加坡嘉佩乐酒店内的设施和服务。

The Residence Tanzania

非洲桑给巴尔岛度假村

室内设计：HBA/ Hirsch Bedner Associates

新开业的The Residence Tanzania投资额达4,800万美元，为Bonvests旗下尊贵的五星级非洲度假村增添一员。新度假村拥有66幢别墅，其设计传承了Bonwests旗舰物业——新加坡喜来登酒店之殖民地主题。

对于东非海岸的“香料之岛”桑给巴尔来说，The Residence Tanzania的细微之处别树一帜，以柔和色调营造出恬淡、优雅的氛围，如运用了白色、轻柔的米色、蜜糖色的木材、熟铁和沙砖等。

别墅设有一房和两房选择，更备有尊贵的410平方米总统别墅，全部附设私人泳池，装潢豪华，配置当代时尚的家具。设计上糅合了岛上各种文化影响，包括东非斯瓦希里、阿曼以至英国和印度文化。白色和米色交织的设计于别墅内营造出极致浪漫的氛围，阳光穿透百叶窗，带来摇曳、斑驳的光影效果，其精致典雅的独特气氛令宾客陶醉其中。

主酒吧(Main Bar)的殖民地主题最具历史气息，重现了昔日往来于东非海岸的木制帆船上船长专属酒廊的氛围。

位于大堂、私密幽静的图书酒吧（Library Bar）之设计显现著名非洲探险家利文斯通医生（Dr.David Livingstone）的足迹，再次唤起现代大众旅游市场兴起前的旅行“黄金时代”之景象，弥漫强烈的殖民地色彩，其图书阁也典藏众多关于非洲的书籍。

度假村的星级餐厅The Pavilion呈献土耳其和中东一带的地中海融合

菜式，别具异国风味；整个餐厅洋溢着桑给巴尔七彩缤纷的暖色调。

Beach Club餐厅在夜幕星空下尤其醉人，让人联想起沙漠游牧民族贝都因人（Bedouin）的帐篷。而The Dining Room Bar则以当地出产的木材及锻打铜制吧台来营造古波斯风情。

The Residence Tanzania与风光旖旎的所在地浑然天成，位处风光如画的椰林中，更拥有长达一英里的粉白沙滩，以及由珊瑚礁保护的优美礁湖。